Django 开发

从入门到实践

段 艺　涂伟忠　编著

机械工业出版社
China Machine Press

图书在版编目（CIP）数据

Django开发从入门到实践 / 段艺，涂伟忠编著.—北京：机械工业出版社，2019.11

ISBN 978-7-111-64060-8

Ⅰ. ①D… Ⅱ. ①段… ②涂… Ⅲ. ①软件工具–程序设计 Ⅳ. ①TP311.561

中国版本图书馆CIP数据核字（2019）第237681号

　　Django 是一款高性能的 Python Web 开发框架，本书全面讲解 Django 开发的相关内容。本书共 24 章，分为 5 篇，分别为基础知识、实践学习一（从一个简单的资源管理做起）、实践学习二（从博客做起）、使用 Django 开发 API、Django 系统运维。其中基础知识篇讲解 Python 基础知识、各种常用的数据结构、正则表达式、HTTP 协议、字符串编码等；两个实践学习篇讲解两个具体的项目，从功能需求设计、模块划分，到最终的编码实现，手把手教你如何从零开始打造自己的项目；使用 Django 开发 API 篇通过完整的案例来逐步深入，让读者享受使用 Django Rest Framework 进行 API 开发的乐趣；Django 系统运维篇讲解如何线上部署一个系统、需要掌握的基础知识、使用的每个组件的作用，让读者明白其中的原理，以及出现问题之后如何排查。

　　本书既可作为想从事 Python Web 开发的初学者阅读参考，也可作为 Python 培训学校在 Django 方面的培训教程。

Django 开发从入门到实践

出版发行：机械工业出版社（北京市西城区百万庄大街22号 邮政编码：100037）	
责任编辑：夏非彼　迟振春	责任校对：闫秀华
印　　刷：中国电影出版社印刷厂	版　　次：2020 年 1 月第 1 版第 1 次印刷
开　　本：170mm×242mm　1/16	印　　张：20.75
书　　号：ISBN 978-7-111-64060-8	定　　价：79.00 元

客服电话：（010）88361066　88379833　68326294　　　投稿热线：（010）88379604
华章网站：www.hzbook.com　　　　　　　　　　　　　　读者信箱：hzit@hzbook.com

本书法律顾问：北京大成律师事务所　韩光/邹晓东

序（一）

2019 年 7 月我从进入大学的第一个学期开始接触 Django 开发，那时 Django 的版本还是 1.5.8。初学 Django 时就发现它是一个非常强大而且实用的框架，因此着迷，但是那时市面上还没有很多可以参考的 Django 书籍或者资料，学习基本都靠阅读官方文档。尽管这些文档会把每一个功能都介绍得非常清晰，但是当我面对一个全新的项目时，依然会感觉不知如何下手。当时作为一个"小白"的我就在思考，最好能有一本教材可以带领我从设计到一步步实现一个完整的项目，让我体会 Django 开发的全流程。于是就在心里埋下了这样一颗种子。

大二在学校担任 Python 课程的助教，辅导大一学生完成 Django 大作业时就更坚定了这样的想法：编写完成一个对新手足够友好的教程。

有了想法就开始准备，当时哈尔滨工业大学的微软学生俱乐部和 Pureweber 开发组开设了两门零基础的 Web 课程，与社团的人员一起学习 Web 开发，而后端的部分使用的正是 Django。该课程经过了两年多的打磨，大三时已经积累了一部分讲义和实践的经历，也就有了这本书实践部分的雏形。

后来偶然认识了卞诚君编辑，终于有了这样一个将这本书的想法落地的机会。我也深感自己一个人的力量不足，于是联系了在开发和教程编著方面经验更为丰富的涂伟忠师兄一起完成这本书，希望能给和曾经的我有相同困惑的 Django 的初学者带来帮助。

段艺
2019 年 7 月于深圳

序（二）

我从 2010 年开始接触 Python 语言时，就被它的简洁、强大的表达能力所折服，这也在我心中埋下了"入坑"计算机编程行业的种子。2013 年夏天我正就读研究生，由于科研任务的需要，我在导师胡黔楠研究员指导下，接触了 Python Web 开发框架 Django。当时实验室使用的是 Django 1.4 版本，为了全面掌握 Django，我在那段时间几乎通读了 Django 的所有英文文档。在三年的研究生求学生涯中，我利用业余时间将自己对 Django Web 开发的理解以及遇到的各种问题，汇集和编写成了一系列文章，帮助了许多同学，也认识了很多志同道合的网友。

从 2013 年至今，我一直从事 Python Web 开发相关的工作。我也在 StackOverflow 网站上提问，并解答一些问题，这是一个非常棒的网站，许多与编程相关的问题都可以在上面找到答案。现在查看一下我当初提的第一个关于 AJAX 的问题，确实非常幼稚，但我很感激这个社区的包容，没有人会歧视一个新手。我还给开源社区做过一些微小的贡献，比如给 Redis、Raven、PyQuery、Django Celery Beat 等 Python 模块贡献过代码。印象特别深刻的是曾经觉得 Python 官方文档中的 operator.itemgetter 写的例子不够全面，对于新手而言不容易理解，就顺手添加了一个示例，没想到很顺利地就被接受了，这对于我来说是一种莫大的鼓舞。因此，对于一个初学者来说，从微小的地方做起，做好每一件小事，自己的能力自然就会越来越强，最重要的是要持续保持着兴趣。

非常幸运，毕业之后我找到了 Python 后端开发的工作。在这几年的开发过程中，走了一些弯路，遇到了不少"坑"，我也想通过各种途径，把这些收获分享给大家。很幸运的是有机会和段艺同学一起来编写本书。

涂伟忠

2019 年 7 月

前　言

Python 简单易学、上手快速，成为很多程序员喜爱的编程语言。使用 Python 进行 Web 应用开发，无疑能够加快需求实现的速度，快速迭代和验证产品的原型。有些人可能会有疑问：Python 性能不够好，用来开发 Web 是不是不太合适？Python 在性能上确实无法和 C、Java 等语言相比，但在大部分情况下使用 Python 开发是可以满足性能需求的，并且很多时候程序性能不够好，这不是语言本身的问题，而是架构设计、缓存设计、数据结构算法的选用以及开发人员编程水平等引起的问题。总之，使用 Python 语言进行 Web 开发有独特的优势，通常能满足大部分应用场景的需求。

本书面向想学习 Python Web 开发的读者，分 5 篇讲解基础知识和实战。

第 1 篇是基础知识，让读者对 Python 语言中各种常用的数据结构及其算法有一定的了解，同时介绍常见数据结构算法的时间复杂度，让读者从学习之初就有性能的意识，为将来编写出高质量的优秀代码打下基础。本篇还对开发过程中会用到的相关知识点（比如正则表达式、HTTP 协议、字符串编码等）进行讲解，让读者对 Python Web 开发有一个全面的认识。特别是对容易让初学者困惑的知识，比如绝对路径和相对路径的区别、字符编码相关的内容，也进行了讲解。

第 2 篇和第 3 篇是实战部分，主要讲解"资源管理"和"个人博客系统"两个项目。从功能需求设计、模块划分，再到最终的编码实现，手把手教读者如何从零开始打造自己的项目。

第 4 篇是使用 Django 开发 API，通过一个完整的教程，以逐步深入的方式，让读者享受使用 Django Rest Framework 进行 API 开发的乐趣。

第 5 篇是 Django 系统运维，让读者不仅能将服务部署好，而且还能明白各个组件的原理以及它们是如何在一起工作的，从而提高读者分析问题和解决问题的能力。最后讲解 Django 的一些常用功能，比如中间件、信号系统、缓存框架等，在讲解过程中会深入讲解它们的工作原理，以及使用中会遇到的一些"坑"。

本书的读者

如果对 Python 有一定的了解，想学习 Python Web 开发，本书会是一个不错的选择。

谁不适合读本书

不太适合一点 Python 基础都没有的人员。另外，如果你已经是 Python Web 开发方面的专家，那么这本书对你来说价值应该也不大。

勘误与反馈

本书所有章节中的源代码放在 https://github.com/djangobook-cn/book-code 上，欢迎读者从 GitHub 下载并提出问题（issue），如果下载有问题，可以通过邮箱 booksaga@126.com 与编者联系。

致谢

在编写本书时，笔者得到了各个方面非常多的建议、帮助和鼓励，在此深表感谢。

首先，特别感谢武汉大学的谭建扬同学认真细心地测试了书中的示例，指出了很多问题。

感谢研究生实验室中三位计算机专业的同学江超、张浩然和杨骁，这三位不仅仅是研究生期间的"战友"，也在我们编写本书期间给出了不少建议。

感谢赵军出色的核对工作，提出了非常多的改进意见。

最后，占用了大量周末时间来写作，这和妻子 lotus 的大力支持是分不开的。

涂伟忠

目　录

第 1 篇　基础知识

第 3 篇 实践学习二：从博客做起

第 4 篇　使用 Django 开发 API

第 5 篇 Django 系统运维

第 1 篇

基础知识

第 1 篇主要讲解 Django Web 开发需要的基础知识，共分为 3 章：

第 1 章将讲解 Django 的特点、发布情况、与主流框架的对比以及初学者开发环境的选择。

第 2 章将讲解初学者学习 Web 开发需要掌握的一些基础知识，比如 Python 常见的数据结构、HTTP 协议等，同时也对初学者容易困惑的问题，比如绝对路径与相对路径、字符串编码问题等进行通俗易懂的讲解。

第 3 章将通过开发一个小实例，让读者对 Django 进行初步体验，尝试使用它进行一些简单的开发工作。

第 1 章　Django 简介

本章主要的内容包括：使用 Django 进行 Python Web 开发的一些基本知识，Django 的特点和版本发布情况，开发者选择哪个版本以及新的 Django 版本是否需要升级等。本章的内容还包括 Django 框架和其他的主流的 Python Web 开发框架的简单比较，最后还介绍 Django 开发环境的选择。

1.1　Django 基本介绍

Django 是用 Python 开发的一个免费开源的 Web 框架，几乎囊括了 Web 应用的方方面面，可以用于快速搭建高性能、优雅的网站。

Django 提供了许多网站后台开发经常用到的模块，使开发者能够专注于业务部分。Django 提供了通用 Web 开发模式的高度抽象，为频繁进行的编程作业提供了快速解决方法，并为"如何解决问题"提供了清晰明了的约定。Django 通过 DRY（Don't Repeat Yourself，不要重复自己）的理念来鼓励快速开发。

- 自带管理后台：只需几行简单代码的设置，就可以让目标网站拥有一个强大的管理后台，轻松对内容进行增加、删除、修改与查找，并且能很方便地定制搜索、过滤等操作，因此特别适合用于内容管理平台。
- 灵活的路由系统：可以定义优雅的访问地址，按需定义，毫无障碍。
- 强大的数据库 ORM：拥有强大的数据库操作接口（QuerySet API），可以轻松执行原生 SQL。
- 易用的模板系统：自带强大、易扩展的模板系统。当前后端分离开发时，可以只用 Django 开发 API，不使用模板系统，也可以轻易替换成其他模板。
- 缓存系统：与 Memcached，Redis 等缓存系统联合使用，获得更快的加载速度。
- 国际化支持：支持多语言应用，允许定义翻译的文字，轻松翻译成不同国家/地区的语言。

1.2　Django 发布情况

功能版本（A.B，A.B+1，如 2.0，2.1 等）大约每 8 个月发布一次。这些版本将包含新功能以及对现有功能的改进等，也可能包含与上一个版本不兼容的功能，详细的说明在版本的发布日志（Release Notes）中可以查阅到。

补丁版本（A.B.C，如 2.1.3）会根据需要发布，以修复错误和安全问题。这些版本将与相关的功能版本 100%兼容，除非是出于安全原因或为了防止数据丢失而无法做到 100%兼容。因此，"我应该升级到最新的补丁版本吗？"的答案永远都是"是的"。如果之前使用的是 Django 2.1，现在最新的版本是 Django 2.1.3，那么可以放心将 2.1 版本升级到 2.1.3 版本。

某些功能版本被指定为长期支持（LTS）版本，这种稳定版本通常自发布之日起 3 年以内，会持续发布安全和关键补丁，即所谓提供持续稳定的支持。

在 Django 官网的下载页面底部，有介绍各种版本的发布和支持生命周期，比较大的变化就是从 Django 2.0 开始，它不再支持 Python 2。如图 1-1 所示，可以看到 Django 各版本的发布情况和支持计划等。

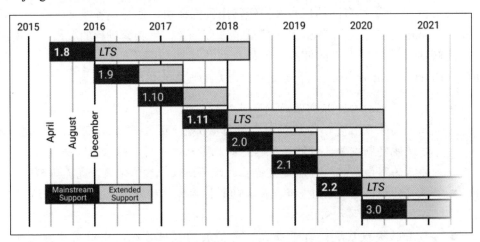

图 1-1　Django 各版本的发布情况和支持计划

如果读者必须使用 Python 2，那么最后一个可用的版本是 1.11.x 系列。新项目推荐使用最新的 Django 2.x 系列。

1.3　Django 的 MVT 架构简介

Django 是一个 Python Web 框架。和大多数框架一样，Django 支持 MVC 模式。首先来看看什么是 MVC（Model-View-Controller）模式，然后了解 Django MVT（Model-View-Template）的不同之处。

1.3.1　MVC 模式

MVC（Model-View-Controller）模式是开发 Web 应用程序的一种软件设计模式，其中各部分功能如下：

- 模型（Model）：位于模式底层，负责管理应用程序的数据。它处理来自视图的请求，并且响应来自控制器的指令以更新自身。
- 视图（View）：负责向用户以特定格式呈现全部或部分数据。
- 控制器（Controller）：控制模型和视图之间交互的代码。

1.3.2　Django MVT 模式

MVT（Model-View-Template）与 MVC 略有不同。主要区别在于 Django 本身已经实现了控制器（Controller）这部分的功能，暴露给开发者的是模板（Template）。我们可以简单认为 Django 中的模板是 HTML 文件，但其支持 Django 的模板语言。这种模板语言简单来说就是通过占位符、循环、逻辑判断等来控制页面上的内容展示，如图 1-2 所示。

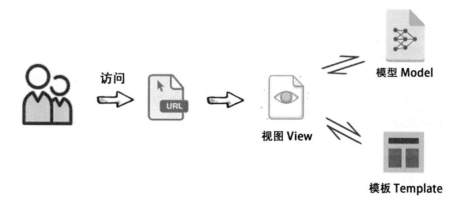

图 1-2　Django 中的 MVT 模式

5

1.4 Django 和主流 Web 框架对比

用于 Python Web 开发的框架有很多，比如 Flask、Bottle、Pyramid、Webpy 等，这里主要将 Django 同 Flask 与 Tornado 框架分别对比一下。

Flask 是小而精的微框架（Micro Framework），它不像 Django 那样大而全。如果使用 Flask 开发，开发者需要自己决定使用哪个数据库 ORM、模板系统、用户认证系统等，需要自己去组装这些系统。与采用 Django 开发相比，开发者在项目开始的时候可能需要花更多的时间去了解、挑选各个组件，正因为这样，Flask 开发的灵活度更高，开发者可以根据自己的需要去选择合适的插件。由于是自己一步步地将整个系统组装起来的，因此也比较容易了解各个组件部分。当然，Flask 历史相对更短，第三方 App 自然没有 Django 那么全面。

Tornado 是一个 Python Web 框架和异步网络库，最初由 FriendFeed 开发。当初设计它的目的是为了解决 10 000 个并发连接（C10K 问题），传统的 Apache 服务器会为每个 HTTP 请求连接一个线程，而在大多数 Linux 发行版中默认线程堆（Heap）大小是 8MB，当连接数量过多时，这种线程池的方式极易耗光服务器上的所有资源。Tornado 会把等待资源的操作挂起，当数据准备好时，再回调相应的函数。通过使用非阻塞网络 I/O，Tornado 可以轻松应对数万个连接。因而 Tornado 也就成为长轮询，是 WebSocket 和其他需要与每个用户建立长期连接的应用程序的理想选择。和 Django 相比，使用 Tornado 编写异步代码对于开发者来说，没有 Django 或 Flask 编写同步代码那么简单、直接和高效。

1.5 开发环境选择

本书基于 Python 3.6 和 Django 2.1 进行讲解，理论上使用 Python 3.7 和 Django 2.2 也是兼容的。

主流的操作系统有 Windows，Linux，MacOS 等，由于在 Linux 系统部署 Django 应用是主流方式，因此如果读者对 Linux 比较熟悉，推荐大家使用 Linux 进行 Django 开发。不过，因为 Python 是跨平台的，所以无论在哪个平台上进行 Django 开发都没有问题。

1.5.1 Windows 平台

对于 Windows 用户，推荐使用 Anaconda 来搭建开发环境。Anaconda 是一个集成了 Python 和众多 Python 包的工具，比如 Django、MySQL 驱动、Matplotlib 图像处理相关的包等，省去开发者需要逐个安装各个包的烦琐步骤。

Anaconda 的官方下载地址为：https://www.anaconda.com/download/。

使用国内镜像源加速：比如使用清华大学开源软件镜像站，可以加速 Python 包的下载过程。

```
conda config --add channels https://mirrors.tuna.tsinghua.edu.cn
/anaconda/pkgs/free/
conda config --add channels https://mirrors.tuna.tsinghua.edu.cn
/anaconda/pkgs/main/
conda config --set show_channel_urls yes
```

详见：https://mirror.tuna.tsinghua.edu.cn/help/anaconda/。

1.5.2 Mac 平台

可以从 Python 官网直接下载 Python 3 安装到 Mac 上，但笔者更推荐使用 brew 工具来安装，使用非常方便，从 https://brew.sh 网站上可以看到，直接运行下面的命令就可以安装这个工具。

```
/usr/bin/ruby -e "$(curl -fsSL https://raw.githubusercontent.com
/Homebrew/install/master/install)"
```

brew 工具常用命令的示例如下：

- brew search mysql：查找名称中包含 mysql 关键词的软件包。
- brew cleanup：清除旧版本（使用这个命令时要注意，如果环境变量中设置了旧版本的路径，那么这个清除操作会导致无法使用旧版本）。
- brew info redis：查看 redis 的安装情况，显示相关的安装信息。如果安装了 MySQL 不知道如何启动，可以使用 brew info mysql 查看。
- brew list：查看目前电脑上安装了哪些软件。

下面使用 brew 来安装 Python 3：

```
$ brew install python3 或 brew install python@3
```

1.5.3 Linux 平台

在 Ubuntu/Debian 系统下，如果没有自带 Python 3，可以使用 apt-get 命令来安装。在 RedHat/CentOS 系统下可以使用 yum 来安装。

第 2 章　掌握必要的基础知识

本章主要介绍 Web 开发需要的一些基础知识，同时也会介绍 Python 语言及其在开发过程中需要用到的基础知识，特别是对于初学者造成困惑的知识，比如绝对路径和相对路径的区别、字符编码相关的内容进行讲解。本章最后会介绍一下正则表达式的相关知识。

2.1　Web 开发需要什么基础知识

本节列出这么多内容不是为了打击初学者的信心，而是让大家在学习过程中有一个清晰的脉络。如果想在 Web 后端开发这条路上走得更远，需要修炼好自己的内功，这些基础知识是非常重要的。

- 前端知识：最好能了解一些前端知识（HTML，CSS，JavaScript 等）。但在一些分工非常明确的公司，有些开发人员只做后端开发，不懂前端的知识也是可以的，这时需要前后端的开发人员进行配合。毫无疑问，前端开发人员掌握一些后端的知识或者后端开发人员了解一些前端的知识，能使项目联调过程更顺畅、效率更高。

- Linux 基础：由于在主流情况下项目部署都是使用的 Linux 系统，比如项目有一个 Bug，在本地 Windows 上复现不了，就得 ssh 到部署的机器上想各种办法进行复现与分析。尽管 Python 是跨平台的，但各平台之间还是有不小的差异，因此掌握一些基础的 Linux 操作还是非常有必要的。

- 数据库系统：Web 应用一般离不开对数据库的增加、删除、修改和查询（本书简称为"增删改查"），一般都会用到数据库。读者除了掌握这些常见的操作外，最好能对数据库的原理有一些了解，虽然我们平时使用的是 ORM，可能不会直接编写 SQL 语句，但归根结底，都是在数据库中执行 SQL 语句。只有理解了 SQL 语句，才能设计出更合理的表结构，写出更优秀的 SQL 语句，更好地使用 ORM 提供的各种功能。

- 缓存系统：网站访问一般会出现热点内容，比如微博的热搜，将热点内容缓存到内存中，然后直接从内存中读取返回给查询的用户，这样无疑能极大地提高效率。有的开发人员可能觉得缓存系统比较简单，其实不然，如果深入了解各缓存系统的内存分配方式、Key 淘汰算法、底层网络协议细节等，就要注意可能发生的比如缓存失效、缓存穿透、缓存雪崩等一系列问题。

- HTTP 协议：由于 Web 开发就是遵循 HTTP 协议来进行的，比如可以通过 Expires，Cache-Control，Last-Modified 和 Etag 等字段来设定浏览器的缓存行为。再比如实现一个下载的功能，如果不知道 HTTP 协议中的 Content-Disposition 这个响应报头和一些约定，就可能不知道应该如何下手。

- 网络协议（TCP/IP 协议）：常见的 TCP "三次握手" "四次挥手" 等过程，每一步的原理都要能够弄清楚。

- 数据结构和算法：算法可以说是程序员的内功，只有更好地掌握了算法，才能编写出更高效的程序。如果编写程序时不考虑性能，觉得自己的程序能用就行了，那么这样的程序远远达不到商业使用的标准。例如，数据结构中最基础的比如队列、栈、树等以及操作它们的算法在编程过程中非常有用。

- 操作系统原理：Web 应用会运行在某个操作系统的一个或多个进程中。比如从日志中看到有一个接口访问时特别慢，应该怎么进行分析？影响的因素非常多，可能是网络缓慢、服务器当前负载过高、程序算法的复杂度高而效率低等。

上面列出的很多内容，初学者在刚开始时可能意识不到它们的影响力和重要性，但是随着在 Web 后端开发中的不断深入，就能体会出这些知识的必要性和重要程度。由于相关内容已超出了本书的范围，在此只是强调一下，有兴趣的读者可以去阅读相关的书籍，扎实地打好基础。

2.2 Python 语言入门

本节主要介绍 Python 语言中一些基础的语法知识，让读者了解 Python 语言中常见数据结构的操作以及常见的内置函数和模块的使用。由于本书不是一本专门讲解 Python 语言的书籍，想深入学习的读者需要另外花时间去"钻研"一下 Python 语言的相关知识。

2.2.1　Python 语言简介

在学习编程时，读者应该听说过 C 语言、C++语言等，这些语言运行前都需要进行编译，然后执行编译后的可执行文件。与这些编译型语言不同，Python 语言是一种解释型的脚本语言，Python 脚本文件是纯文本文件，它的文件扩展名一般是“.py”。运行所编写的 Python 代码时需要一个工具，它可以把脚本中的代码解释成计算机指令，同时让计算机立即执行这些指令，这个工具就是脚本解释器，解释执行的过程也就是解析执行的过程。

Python 是面向对象的高级程序设计语言，它的代码简洁、简单易学，所以使用 Python 进行 Web 开发很受欢迎，有助于快速开发和实现需求。

2.2.2　执行 Python 代码的方式

1. 进入 Python 的 shell 下逐行执行

在 Windows 中可以使用安装 Python 后自带的 IDLE（Python 图形界面的集成开发环境，如图 2-1 所示）或命令行工具 cmd（快捷键 Win+R，输入 cmd 即可启动命令行）。

图 2-1　在 Windows 上启动 Python 的方式

在 Linux 下可以在终端（Terminal）程序中键入“python”（小写，不含引号），即可启动 Python 解释器，进入 Python 语言的交互式的 shell。随后就可以逐条输入 Python 语句以解释方式执行。

按 Ctrl + D 组合键可以退出 Python 的 shell。

2. 直接执行 Python 脚本

在命令行使用 cd 命令进入相应目录，使用"python helloworld.py"命令来执行 Python 程序代码（即 Python 脚本文件）。

helloworld.py 文件仅有一句，内容如下：

```
print("hello world")
```

在 Windows 中的执行过程如图 2-2 所示（假设 helloworld.py 文件在 D:\learn_python 中）。

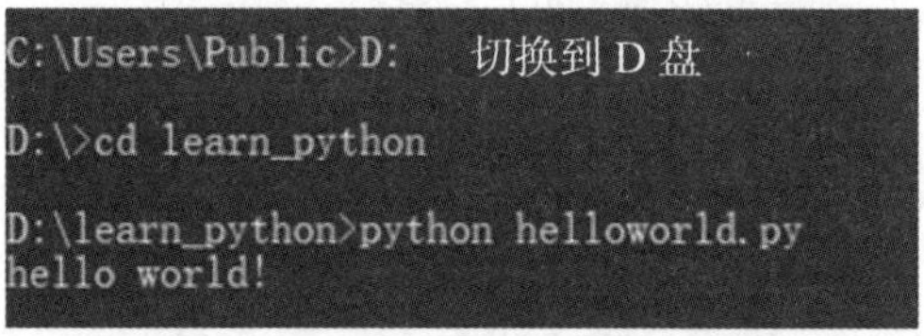

图 2-2　在 Windows 下切换工作目录并执行 Python 脚本文件

在 Windows 下还有一个比较简便的切换工作目录的方法，就是在文件管理器的地址栏输入 cmd，这时 cmd 会自动切换到刚才的目录，如图 2-3 所示。

图 2-3　在 Windows 中切换工作目录的便捷方式

在 Linux 或 MacOS 中的执行过程如图 2-4 所示（假设 helloworld.py 文件在 ~/learn_python 目录中）。

```
[root@hk ~]# cd learn_python/
[root@hk learn_python]# python3 helloworld.py
hello world
```

图 2-4　在 Linux 中进入相应目录执行 Python 脚本文件

2.2.3　Python 中的缩进格式

Python 中的缩进格式非常重要，是与**语法规则相关的**，它决定了语句区块的起止和层次关系（类似 C 和 Java 等语言中用"{}"来表示语句区块的起止和层次

12

一样）。同一层次的语句区块必须有相同的缩进格式，否则 Python 解释器会报错。Python 函数没有明确的开始（begin）或者结束（end）关键字，也没有用大括号来标记函数从哪里开始到哪里结束，唯一的定界符就是一个冒号（：）和程序语句自身的缩进格式。正因为如此，特别是从 Web 页面上复制 Python 代码时，如果缩进格式存在问题，那么 Python 代码是无法运行的，如图 2-5 所示。

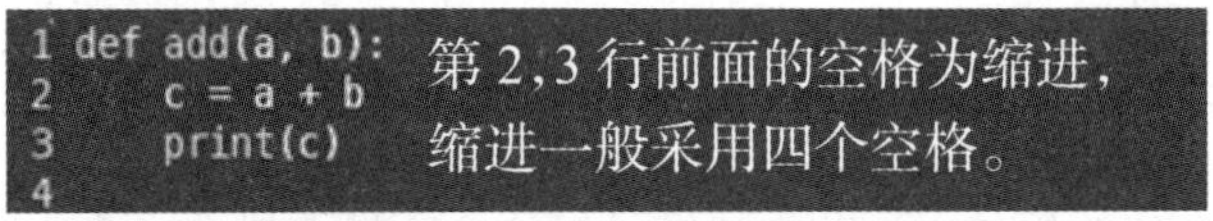

```
1 def add(a, b):      第 2,3 行前面的空格为缩进,
2     c = a + b        缩进一般采用四个空格。
3     print(c)
4
```

图 2-5 Python 程序中缩进格式的说明

2.2.4 常见的运算符

Python 语言中常见的运算符包括布尔运算符和数学运算符。布尔运算符及其说明如表 2-1 所示。

表 2-1 布尔运算符

布尔运算符	说明
not	非，not A，即 A 为真（True）时，not A 则为假（False）
and	且，A and B，当 A 和 B 都为真时返回真，否则返回假
or	或，A or B，当 A 和 B 有一个为真时，结果为真；两个都为假时，则返回假

数学运算符及其说明如表 2-2 所示。

表 2-2 数学运算符

数学运算符	说明
+	相加，$1 + 9 == 10$
-	相减，$10 - 3 == 7$
*	乘法，$2 * 3 == 6$，$25 * 25 == 625$
/	除法，Python3 中代表真正的除，$10/4 == 2.5$
%	取余数，如 $8 \% 2 == 0$，$4 \% 3 == 1$，$7 \% 4 == 3$
//	取商，如 $7 // 3 == 2$，$5 // 2 == 2$，$4//3.0 == 1.0$
**	乘方，a**b 等价于 pow(a, b)，$2**3 == 8$，$3**3 == 27$
divmod(a, b)	返回一个元组，即商和余数，如 divmod(10, 3) == (3, 1)

2.2.5　数据类型

Python 中一切皆对象，每种数据类型都被当作对象。虽然 Python 中值都有数据类型，但我们不需要声明变量的类型，Python 中的变量名类似于一个标签，指向具体的数据。

Python 有多种内置数据类型，常用的如下：

- 布尔型（bool）：值为 True 或 False，逻辑上的真、假。用于循环语句或条件判断语句。
- 整数（int）：如 3，-1，简称为整型。
- 浮点数（float）：如 3.2，7.92，简称为浮点型。
- 字符串（str/byte）：如"hello python"。
- 列表（list）：是值的有序序列，如[3, 2, 5]，其中列表中的元素可以是任何数据类型。
- 元组（tuple）：类似于列表，其中的值不可变，可以理解为不可变列表，如 (1, 3, 5)，(1,)。
- 集合（set）：是装满无序值的包，其特性为无序性、确定性、互异性。
- 字典（dict）：是键-值对（Key-Value Pair）的无序包。

2.2.6　字符串

字符串（str）要用引号引起来，在 Python 中，单引号与双引号是等效的。如果想表示字符串是 bytes 类型，可以用 b'string'。

三引号（三个单引号或三个双引号，即 ''' 或" " "）可用来编写跨行的字符串，其中，单、双引号均可使用。

字符串与列表、元组类似，可以使用"索引"和"切片"，也就是可以取得字符串中的某一项或者某一部分。

（1）索引：a="student"，a[2]是 a 中第 3 个字母"u"（从 0 算起，2 就是字符串中第 3 个字符）。

（2）切片："string"[start:end:[step=1]]中 start 和 end 必须有一个，和列表的切片功能相同，step 不设置时默认为 1。

"students"[1:5]是指取第 2 个到第 5 个字符，但不包括第 6 个（口诀：要前不要后）。

常见的操作如下：

```
>>> my_str ='Jason'                    # 定义字符串 my_str
>>> my_str.startswith('Jas')
# 若 my_str 以'Jas'开头, 返回 True, 否则返回 False
>>> my_str.endswith('son')
# 若 my_str 以'son'结尾, 返回 True, 否则返回 False
备注: .startswith(), .endswith()均可以 tuple 为参数, 满足其中之一即返回
True
String.startswith(('a','b'))           # 当 String 以 a 或 b 开头时均返回 True

>>> my_str.count('a')                  # my_str 中有几个 'a'
>>> if 'a' in my_str:
# 判断 my_str 中是否含有字符'a', 有返回 True, 否则返回 False
>>> my_str.find('a')                   # 返回'a'在 my_str 中的位置, 找不到则返
回-1 (不是 0, 因为 0 是字符串中第一个字符, 是找到了的意思)。-1 在逻辑上是真, 0
在逻辑上是假, 所以以查找字符串中是否包含指定字符, 更推荐用 in 方法
>>> my_str.index('a')
# 与 my_str.find('a')功能相同, 但找不到时发生 ValueError
>>> ss = '***'                         # 定义字符串 ss
>>> my_list = ['a', 'b', 'c']          # 定义列表 my_list
>>> mylist_to_string = ss.join(my_list)    # 使用 ss 来连接 my_list
中各元素, 返回组成的字符串给 mylist_to_string, ss 与 my_list 均未改变
    mylist_to_string 值为 'a***b***c'
>>> list_a = my_str.replace('a', 'b')     # my_str 中的'a'替换成
'b', 并把替换后的字符串赋给 list_a。注意 my_str 本身实际并未变。
>>> a = u'中国'                           # 定义 unicode 字符串, 如
果代码中有中文, 则需要在文件开头加上#coding=utf-8
```

关于字符串的处理还有一个强大的工具就是正则表达式, 详见后文。

2.2.7　列表

列表（list）是一组有顺序的数据（属于数组, 不是链表）, 它的元素（对象）个数是变化的（后面要介绍的元组则是固定的）。

1. 各种内置方法

```
>>> list_a = [1, 2]      # 定义 list_a 含有 1,2 这两个元素对象
>>> list_a.append(2)     # 添加一个对象到列表的末尾
>>> list_a               # 查看 list_a 中的内容
[1, 2, 2]                # shell 中显示的结果
>>> list_a.count(2)      # 返回 list_a 中对象是 2 的个数
```

```
2                          # shell 中显示有 2 个值为 2 的对象
>>> list_b = [3, 4]        # 定义 list_b 含有 3, 4 两个对象
>>> list_a.extend(list_b)  # 在 list_a 末尾添加 list_b
>>> list_a                 # 查看 list_a 中的内容
[1, 2, 2, 3, 4]            # shell 中显示的结果
>>> list_a.index(3)        # 返回第 1 个匹配的指定值在列表 list_a 中的位置，
列表中第 1 个对象的位置是 0，第 2 个对象的位置是 1，以此类推
3                          # shell 中显示的结果
>>> list_a.insert(2, 'ok')
# 在 list_a 中位置是 2 的对象前添加字符串对象'ok'，返回 None
>>> list_a                 # 查看 list_a 中的内容
[1, 2, 'ok', 2, 3, 4]
>>> list_a.pop()           # 删除并返回列表 list_a 中的最后一个对象
>>> list_a.remove(2)       # 删除第 1 次出现的匹配指定值的对象，没有指定值
的话，则出现 ValueError 错误提示
>>> list_a                 # 查看 list_a 中的内容，可以想想如何删除所有的 2
[1, 'ok', 2, 3, 4]         # 删除列表 list_a 中所有的 2 可以用 while 2 in
list_a: list_a.remove(2)
>>> list_a.reverse()       # 将列表 list_a 中的所有对象的位置反转
>>> list_a                 # 查看列表 list_a 中的内容
[4, 3, 2, 'ok', 1]
>>> List=[1, 5, 7, 1111, 2, 1.5]
>>> sorted(List)           # 有返回值，列表 List 本身不变
[1, 1.5, 2, 5, 7, 1111]
>>> List
[1, 5, 7, 1111, 2, 1.5]
>>> List.sort()            # 就地操作，无返回值，结果保存到列表 List 本身
>>> List
[1, 1.5, 2, 5, 7, 1111]
```

list_a.sort(key=None, reverse=False)：对 list_a 排序

key：指定"取值函数"。取值函数带有 1 个参数。sort 方法从 list_a 中取出元素，作为实参传递给取值函数，取值函数进行处理，再将处理后的返回值传递给比较函数

reverse：指定为 True 时，将排序后的顺序逆转过来，否则无任何操作

list_a.sort() 不指定任何参数时，对 list_a 按从小到大排序，返回值为 None，sorted(list_a) 排序时列表 list_a 不变，而是返回一个新的列表

2. 列表中元素的引用方式

通过下标方式并结合切片操作符":"来引用列表中的元素。

```
>>> list_a[2] = 'ok'           # 给列表中某一项赋值
```

```
>>> list_b = list_a[2:]     # 把列表中元素从 list_a[2]起到最后一个都赋
值给列表 list_b
>>> list_b = list_a[:3]     # 相当于把 list_a[0:3]中的元素（位置
0,1,2）赋给列表 list_b, 不包括 list_a[3]
>>> list_b = list_a[1:4]     # 把列表中元素 list_a[1]至 list_a[3]赋值给
列表 list_b, 赋值的元素不包括 list_a[4]
>>> list_b = list_a[1:-1]    # 将列表中元素 list_a[1]到 list_a 中最后一项
（但不包括最后一项）赋值给列表 list_b。-1 表示最后一项, -2 表示倒数第 2 项, 以此类推
```

3. 遍历列表中的数据

```
for value in list_a:
    print(value)            # 在循环中对 value 进行操作
【临时变量 value 遍历列表 list_a, 循环取值, 直到遍历完整个列表】
```

读者思考：出了 for 循环，value 还存在么？如果 list_a 为空，value 是什么呢？

4. 使用列表解析（List Comprehension）定义列表

```
>>> my_list = [2*i for i in range(0, 5) if i > 2]
                             # 形式为 [表达式，变量范围，条件]
```

（1）表达式：2*i，i 是变量
（2）变量范围：for i in range(0, 5)
（3）条件：if i > 2

再举一例：

```
>>> list_a = [2, 3, 4, 5, 6]
>>> list_b = [3*i for i in list_a if i%2 == 0]
>>> print(list_b)                  # 在终端显示出[6, 12, 18]
```

5. 序列相关的函数

这部分内容不仅仅适应于列表，一般来说其他的序列（比如元组、字典、集合等）也是可以使用的，读者可以自行尝试。

（1）any(list)：列表 list 中有一个元素为逻辑真，则返回 True，全为假时则返回 False。注意 any([]) 返回的是 False，在编程时要考虑序列为空的情况。

（2）all(list)：列表 list 中所有元素都为真时返回 True，否则返回 False。注意 all([]) 返回的是 True，在编程时要考虑序列为空的情况。

（3）max(list)或 min(list)：返回列表 list 中的最大值或最小值。

（4）enumerate()：在列表中同时循环索引和元素，如：

```
>>> List=["Weizhong", "Duanyi", "JiangChao"]
>>> for index, entry in enumerate(List):
        print(index, entry)
0 Weizhong
1 Duanyi
2 JiangChao
```

（5）求和函数 sum：如 sum([1, 2, 3, 4]) 用于求 1+2+3+4 之和。

```
sum(range(1, 101))                    # 可求 1+2+3+4+...+100 之和
```

（6）筛选函数 filter(function, sequence)：对 sequence 进行筛选，满足条件的返回给迭代器，function 的返回值只能是 True 或 False。

```
>>> def f(x): return x % 2 != 0 and x % 3 != 0    #函数中只有一条语
句，可写成一行，但不建议这么做，因为读起来费劲
>>> list(filter(f, range(2, 25)))
[5, 7, 11, 13, 17, 19, 23]
>>> def f(x): return x != 'a'
>>> filter(f, 'abcdef')
<filter object at 0x0000028A721C7DD8>
>>> list(filter(f, 'abcdef'))
['b', 'c', 'd', 'e', 'f']
```

例子：找出 1~10 之间的奇数。

```
list(filter(lambda x: x%2 != 0, range(1, 11)))
```

（7）map(function, sequence)：把 sequence 中每一个元素执行 function 操作，将结果通过迭代器返回。

```
>>> def cube(x): return x**3            # x**3 是 x 的三次方
>>> list(map(cube, range(1, 11)))
[1, 8, 27, 64, 125, 216, 343, 512, 729, 1000]
>>> list(map(lambda s: s*2, "abcde"))
['aa', 'bb', 'cc', 'dd', 'ee']
```

另外，map 也支持多个 sequence，这就要求 function 也支持相应数量的参数输入：

```
>>> from operator import add
>>> list(map(add, range(1, 10, 2), range(1, 5)))
```

```
[2, 5, 8, 11]
```

（8）reduce(function, list [,init])：如果提供了 init 参数，第一轮将 init 和 list[0] 用 function 函数处理，得到的结果和 list[1]再经过 function 处理，以此类推，直到结束；如果不提供 init 参数，则第一轮处理直接从列表 list 中取出两个元素（即 list[0]和 list[1]）用 function 函数进行处理。

```
>>> from functools import reduce
>>> from operator import add
>>> reduce(add, range(1, 11))
55（注：1+2+3+4+5+6+7+8+9+10）
>>> reduce(add, range(1, 11), 20)
75（注：20+1+2+3+4+5+6+7+8+9+10）
利用 reduce 求阶乘方法
def f(n):return reduce(lambda x, y: x*y , range(1, n+1))
```

2.2.8　元组

元组（tuple）是一组有序且不可改变的数据，它的元素（对象）个数是固定的。可以使用强制转换 my_tuple = tuple(list_a)，由 list_a 得到一个元组 my_tuple；或者使用 list_a = list(my_tuple) 由一个元组得到一个列表。关于元组中元素的引用方式，也是通过下标，与列表一样。

记住，元组中元素的值不能改变，因此不能给元组的元素赋值。

特殊情况（元组也不是完全不可变）：

（1）元组中的列表可以被改变，如：t=([2],3,7); t[0][0]=100 运行后看看 t 的内容变成什么了。

（2）t=("first", "second")；t=t+("third", "fourth") 运行后看看 t 的内容发生了什么变化。

思考：（1）中的 t[0]能被改变吗？如果想改变的话，应该怎么做？

注意：只有一个元素的元组一定要小心，要在元素的后面加上逗号。

```
tuple_a = ("Weizhong Tu",) # 注意后面的逗号，少了就成为 string 类型了
tuple_b = (999,)           # 999 后面的逗号，少了就成了整型数字了
```

2.2.9　字典

字典（dict）就是"键名-数值对"（Key-Value Pair，简称"键-值对"）的无序

集合。在键-值对中，键是唯一的，不可变的，值是可以改变的。

```
{key1: value1, key2: value2}
>>> my_dict = {'Jason':2011, 'Anson':2012}    # 定义字典，包含 2 个键-值对
>>> my_dict["Wuhan"] = 120               # 增加一个新的键-值对，返回
{'Jason':2011, 'Anson':2012, "Wuhan":120}
>>> my_dict["Wuhan"] = 2013              # 改变值，返回{'Jason':2011,
'Anson':2012, "Wuhan":2013}
>>> my_dict["Wuhan"]                     # 得到 2013，也就是取值，找不到时会
发生 KeyError 的错误
>>> my_dict.get('Wuhan', None)       # 和上面一样也是取值，没有对应键时不
会报错，而是返回 None，其中 None 是默认值，可以省略，也可以传入其他默认值
>>> my_dict.items()                  # 返回一个列表:列表中是元组（每个
键-值对组成一个二维元组）
【for item in my_dict.items() 可用来在同时遍历字典中的 key 和 value】
>>> 'Jason' in my_dict              # 判断 my_dict 中是否有键'Jason'，
有则返回 True，否则返回 False，相当于 my_dict.has_key('Jason')
>>> del my_dict['Jason']            # 删除键为'Jason'的键-值对
>>> dict_a = my_dict.copy()         # 将 my_dict 复制给新建字典 dict_a
>>> data = my_dict.get('Jason')     # 从键为'Jason'的键-值对中取出值，
赋值给 data
dict.get(key,default=None)    # default 默认为 None，所以找不到时返回 None
None                          # 屏幕显示的内容
>>>my_dict.setdefault(key, value)  # 当存在 key 时获取它对应的值，如果
不存在这 key 时，就加入这个 key，并把它对应的值设为默认的 value，并返回 value
>>>my_dict.keys()            # 返回所有键组成的列表
>>>my_dict.values()          # 返回所有值组成的列表
>>>my_dict.pop('Jason')      # 删除键为'Jason'的键-值对，返回该键值对中
的值。若使得 key 不存在时报错，则要使用 my_dict.pop('Jason', None)
>>> my_dict.pop('Jason',None)
>>> a = my_dict.pop('Jason',None)
>>> print(a)
None
>>>my_dict.popitem()    # 随时删除一个键-值对，返回二维元组(key, value)
>>>my_dict.clear()      # 清除所有键-值对
>>> dict_a = {'Wuhan':125}
>>> dict_b = {'Guilin':100}
>>> my_dict.update(dict_a, **dict_b)    # 在 my_dict 中添加 dict_a,
dict_b 中的各个键-值对。可以只用第一个参数，即一次只添加一个字典
```

```
>>> my_dict
{'Wuhan': 125, 'Guilin': 100}
>>> for key in my_dict:                    # 直接在 my_dict.keys() 遍历
        print(key, my_dict[key])
```

字典排序：sorted(my_dict) 相当于 sorted(mydict.keys())，没有 my_dict.sort()这种用法。

1. 有顺序的字典

```
collections.OrderedDict
>>> from collections import OrderedDict
>>> dct = OrderedDict()                    # dct 是一个有顺序的字典
```

2. 有默认值的字典

一般字典中当 key 不存在时使用 DICT[key] 时会引发 KeyError 错误，如果希望 key 不存在时返回一个默认值，除了使用 DICT.get(key, default)之外，还可以用 collections.defaultdict。

```
>>> from collections import defaultdict
>>> dct = defaultdict(lambda: 'No')
>>> dct["key_not_exist"]                    # 当访问不存在的 key 时会返回'No'
```

2.2.10 集合

集合（set）就是数学上集合的概念，它具有互异性、确定性、无序性。

```
>>> set_a = {1, 2}          # 定义集合，或用 set_a=set()定义空集合
>>> set_a.add(4)            # 向 set_a 中添加元素 4
>>> set_a.remove(2)         # 从集合 set_a 中删除 2，没有的话会引发 KeyError
错误
>>> set_a.discard(2)        # 删除集合 set_a 中的元素 2，remove 的友好版本
>>> set_a.pop()             # 从集合 set_a 中随机删除一个值，并返回该值。从空
集合中 pop 会引发 KeyError 错误，集合的 pop()无参数，不同于字典
>>> set_a.clear()           # 清空集合
>>> set_b = set_a.copy()    # 将 set_a 内容复制给 set_b（浅复制）
【"set_b = set_a" 表示"引用"关系，并非是复制，也可用 set_b=set_a[:] 来
复制】
>>> set_a.update([5,9,2])   # 将 5，9，2（可以是任意多个值）加入集合，根
据数字中集合的概念，相同的值不会重复加入
>>> set_c = set_a | set_b   # 并集 set_c 为 set_a 和 set_b 的并集
```

```
>>> set_c = set_a & set_b    # 交集 set_c 为 set_a 和 set_b 的交集
>>> set_c = set_a - set_b    # 差集 set_c 为 set_a 去掉其与 set_b 公共的部
分
>>> set_c = set_b ^ set_a    # 异或 set_c 为 set_b 并 set_a，再去掉二者公
共的部分
s |= t 并，s 与 t 并集，结果存到 s 中，相当于 s=s.union(t) 或 s.update(t)
s &= t 交，s 与 t 交集，结果存到 s 中，相当于 s=s.intersection(t) 或
s.intersection_update(t)
s -= t 差，s 与 t 差集，结果存到 s 中，相当于 s=s.difference(t) 或
s.difference_update(t)
s ^= t 异或，s 与 t 不同的部分并到一起（即 s 和 t 的并集去掉 s 和 t 的交集），结果
存到 s 中，相当于 s = s.symmetric_difference(t) 或
s.symmetric_difference_update(t)
>>> 3 in set_a    # 判断 set_a 中是否有元素 3，有则返回 True，否则返回 False
>>> set_a <= set_b          # 判断 set_a 是否为 set_b 的子集，返回 True
或 False，相当于 set_a.issubset(set_b)
>>> set_a >= set_b              # 判断 set_a 是否为 set_b 的超集（父集），返
回 True 或 False，相当于 set_a.issupset(set_b)
```
【if 语句中，空集合为 False，任何非空集合为真值】

思考：字典和集合都是用{}，那么如何定义一个空的集合？

```
>>> a = {}        # 定义一个空字典，也可用 a = dict()
>>> type(a)       # <class 'dict'>
>>> a = set()     # 定义一个空集合
>>> type(a)       # <class 'set'>
```

2.2.11 数据类型的转换

使用关键字可以很容易地实现数据类型之间的转换，比如 int、str、list、tuple、set 等。

（1）利用集合的互异性对列表去重，即去掉列表中的重复元素：list_a = list(set(list_a)) 把 list_a 变成集合，再变成列表。

（2）字典转换为集合和列表，可以轻松得到类似于集合的键 - 值对 dict_a.items()，键 dict_a.keys()，值 dict_a.values()，这些值可以和集合求交集、并集。

使用 list(dict_a)获取 key 列表，结果等价于 list(dict_a.keys())。

（3）字符串与整型转换：字符串转换成整型 int("2013")，整型转换成字符串 str(120)。

（4）整型与浮点型互相转换：整型转换成浮点型 float(2)，浮点型转换成整型，int(2.9)的结果为 2，其中的小数部分被舍去。如果想向上取整，可以用 math 模块的 math.ceil(2.1)，它的结果为 3。

（5）元组、列表、集合转换为字符串：使用 "".join(sequence)；而把字符串转换为列表，则使用 string.split()。

2.2.12　常见数据结构操作的时间复杂度

本节将讲述当前 CPython 中常见数据结构各种操作的时间复杂性。其他的 Python 实现（旧的或仍在开发中的 CPython 版本）可能会稍微不同，通常我们关注"平均情况"的时间复杂度就可以了。

下文中，n 是容器中当前元素的数量，k 是参数的值或参数中的元素个数。

1. 列表

在 CPython 内部，列表被表示为一个数组；如果向列表中新增元素使得需要的内存空间的大小超出了当前分配内存空间的大小，则会导致所有元素都要移动，代价会很高。

在表 2-3 中，假设 s 是一个列表对象，其中"平均情况"是指参数随机均匀生成（而非某些特例）。

表 2-3　列表常见操作的时间复杂度

操作	平均情况	最坏情况
s.copy()	O(n)	O(n)
s.append(x)	O(1)	O(1)
s.pop()	O(1)	O(1)
s.pop(k)	O(k)	O(k)
s.insert(k, x)	O(n)	O(n)
s[k] = x	O(1)	O(1)
x = s[k]	O(1)	O(1)
del s[k]	O(n)	O(n)
for x in s	O(n)	O(n)
s[i:i+k]	O(k)	O(k)
del s[i:i+k]	O(n)	O(n)
s[i:i+k] = list2	O(k+n)	O(k+n)
s.extend(list2)	O(k)	O(k)

（续表）

操作	平均情况	最坏情况
s.sort()	O(n log n)	O(n log n)
s * 数字	O(nk)	O(nk)
x in s	O(n)	O(n)
min(s), max(s)	O(n)	O(n)
len(s)	O(1)	O(1)

经分析可以得出，如果在接近列表开始的位置插入或删除元素，会导致这个位置之后的所有元素都必须移动。如果需要在列表两端添加或删除元素，则可以考虑改用更高效的双端队列 collections.deque。

2. collections.deque

Python 标准库中 collections.deque 实现了一个高效的双端队列，在 CPython 内部使用双向链表数据结构的实现，可以在两端高效地插入和删除元素。然而，相比较而言，新增或删除中间的元素效率会低一些。

假设 d 是 deque 对象，各操作的时间复杂度如表 2-4 所示。

表 2-4　deque 数据结构操作的时间复杂度

操作	平均情况	最坏情况
d.copy()	O(n)	O(n)
d.append(x)	O(1)	O(1)
d.appendleft(x)	O(1)	O(1)
d.pop()	O(1)	O(1)
d.popleft()	O(1)	O(1)
d.extend(s2) 假定 s2 长度为 k	O(k)	O(k)
d.extendleft(s2)	O(k)	O(k)
d.rotate(k)	O(k)	O(k)
d.remove(x)	O(n)	O(n)

3. 字典

Python 中字典是使用哈希（Hash）表来实现的，"平均情况"是假设哈希方法通常不会有冲突，键（Key）是随机分布的情况。假设 d 是字典对象，各操作的时间复杂度如表 2-5 所示。

表 2-5　字典常见操作的时间复杂度

操作	平均情况	最坏情况
d.copy()	O(n)	O(n)
d[key] 或 d.get(key)	O(1)	O(n)
key in d	O(1)	O(n)
d[key] = value	O(1)	O(n)
d.pop(key) 或 del d[key]	O(1)	O(n)
for key in d	O(n)	O(n)

在极端情况下，如果所有键的哈希结果都一样，就会出现上面的"最坏情况"。

4. 集合

CPython 内部集合和字典的实现方式非常类似，假设 s 是一个集合对象，常见操作的时间复杂度如表 2-6 所示。

表 2-6　集合常见操作的时间复杂度

操作	平均情况	最坏情况
s.add(x)	O(1)	O(n)
s.pop(x) 或 s.discard(x)	O(1)	O(n)
key in s	O(1)	O(n)
for key in s	O(n)	O(n)
s & t 交集	O(min(len(s),len(t))	O(min(len(s) * len(t))
s | t 并集	O(len(s) + len(t))	O(n)
s - t 差集	O(len(s))	—
s.difference_update(t) 就地差集	O(len(t))	—
s ^ t 异或	O(len(s))	O(len(s) * len(t))
s.symmetric_difference_update(t) 就地异或	O(len(t))	O(len(t) * len(s))

由于 CPython 在不断改进，未来可能会有一些变化，读者可以参考 Python 官网的链接 https://wiki.python.org/moin/TimeComplexity，去了解更实时的、更准确的信息。

2.2.13 选择语句与循环语句

1. 选择语句（if-elif-else）

<table>
<tr>
<td>

```
# if-else
x=int(input("Please
input a integer:"))
if x > 0:
    print("x>0")
else:
    print("x<=0")
```

</td>
<td>

```
# if-elif-...-else
score = input
("score:")
    score = int(score)
if (score >= 90) and
(score <= 100):
        print("A")
    elif (score >= 80
and score < 90):
        print("B")
    elif (score >= 60
and score < 80):
        print("C")
    else:
        print("D")
```

</td>
<td>

```
# if
x = 100
if x == 100:
print("x=100")
```

条件判断等于要用两个等号，因为一个等号表示赋值符号！

</td>
</tr>
</table>

2. 循环语句（for, while）

<table>
<tr>
<td>

```
for i in range(101):
    print(i)
```

for 可以在可迭代的对象里面循环，比如 string, list, tuple, dict, set 等，最常用的是 list 和 dict

</td>
<td>

```
x=0
s=0
while x <= 100:# x 大于 100 时停止
    s = s + x   # 也可写成 s += x
print(s)
```

</td>
</tr>
<tr>
<td>

```
# continue
for i in range(11):
    if i == 7:
        continue
    print(i)
```

执行后会发现没有 7，因为 i 等于 7 时执行了 continue 语句，直接到下一轮次的循环，因而后面的 print(i) 在这一轮次被跳过没有被执行。

</td>
<td>

```
# break
x=0; s=0  # 分号可以让两条语句写在
一行，但不推荐这么做。
while True:
    if x>100:
        break
    s = s + x
    x = x + 1
print(s)
```

当 x=101 时会执行 break 语句，跳出循环，如果没有 break，将是一个死循环，永不停止！

</td>
</tr>
</table>

提示：另外还有 for-else 和 while-else 语句，读者可以自行学习。

2.2.14　关于模块

从功能上讲，每个用 Python 编码的合理脚本应是一个功能模块，用 ".py" 作为文件的扩展名。Python 也能够调用由 C/C++编译生成的动态链接库，这种能力大大提升了整个程序的运行速度。

1. import 语句

import 语句用来导入其他模块，主要有两种用法：

用法 1："import　A"表示导入整个模块 A。

用法 2："from　A　import　B"表示导入模块 A 下的对象 B（B 可以是任何对象，Python 中一切皆为对象，如类、变量等）。

提示：假设模块 A 中有子模块 B，而 B 中有个函数 C，我们要调用这个函数 C。如果用"import A"来导入，就要使用"A.B.C()"这种形式来调用 C。如果用"from A import B"来导入，就要使用"B.C()"这种形式来调用 C，就是说可以从导入的具体对象开始引用。如果用"from A.B import C"来导入，就只要用"C()"这种形式来调用 C。

默认导入路径在 sys.path 变量中定义。可以使用 sys.path.append("目录")来添加导入路径。例如：

```
import sys
sys.path.append("/usr/test") # 将/usr/test 目录添加到 sys.path 变量中
import MyModule              # 导入在/usr/test 中的 MyModule 模块
```

2. 直接使用 Python 编码的模块

例如，使用 os 模块创建目录：

```
import os                   # 导入 os 模块
os.mkdir("/tmp/folder")     # 调用 os 模块的 mkdir()函数
```
【使用 import 导入模块时，模块的主代码块（即函数与类之外的部分）会被立即执行，可以使用下述方法来控制是否在被导入时执行(独立运行时模块的__name__为"__main__"，当被导入时就不是"__main__"这个文件名了)：
```
if __name__ == "__main__":
                            # 主代码块放在这里 】
```

2.2.15　Python 中的函数

```
def my_func(arg1, arg2):
```
函数执行代码块

【使用"def"关键字表示开始定义一个函数，函数名后接参数（不需指定类型），参数个数不限。然后要加一个冒号。函数执行代码块是在同一长度缩进之下。】

```
def add(A=1, B=2):                              # 缺省变量（默认参数）
    print("A:", A, "B:", B)
```

调用时执行 add() 时 A=1,B=2。执行 add(A=3) 时 B 默认为 2。执行 add(2,3) 时 A=2,B=3。执行 add(B=5) 时 A 为默认值 1。各种不同调用方式，比较灵活。

【**注意**：默认参数放最后好好！】def add(x=3,y):print(x+y)，采用这种默认参数的定义方式，如果不指定参数 y，则会出错！应该改为 add(y,x=3)。

```
def my_func(arg, *args):
    print(arg, args)
```

*前缀表示从第 2 个参数起所有参数都会作为一个元组存放在 args 中，调用上面这个函数就可以看到实现情况了。

*args 后还可以有参数吗？可以，用 fun(arg, *args, other_arg=default)

```
def my_func(**kwargs):
```
**前缀表示从第 1 个参数起所有参数都会作为字典"键-值对"存放在 kwargs 中

例如：myfunc(a=1,b=2) 的调用方式，kwargs 就是作为一个字典数据类型的参数值被传进去，即这个字典值为{"a":1,"b":2}。

1. 基本使用

```
# Example for *args                # Example for **kwargs
def a(*s):                         def where(**s):
    print(sum(s))                      for i in s: # s is a dictionary
# s 是一个元组。                            print(i,"comes from",s[i])
    a(1, 2, 3, 4)                  where(tuweizhong="Xinyang",John="America")
    # 调用就会得到 1+2+3+         # 调用
4 的和，参数个数不受限制。
```

2. lambda 语句

用于创建新的函数对象，并在运行中返回它们，例如：

```
>>> twice = lambda s: s*2【参数：s，表达式：s*2，函数对象：twice】
>>> print(twice(7))
14
```

可用 lambda 语句来定义函数，使它能够创建符合某种规则的函数，例如：

```
>>> def create_multiple_func(n):          # 定义一个用来创建函数对象
的函数
...        return lambda s:s*n
>>> multiple_2 = create_multiple_func(2)   # 创建"乘2"函数
>>> multiple_3 = create_multiple_func(3)   # 创建"乘3"函数
>>> print(multiple_2(7))                   # 调用"乘2"函数
14
>>> print(multiple_3(7))                   # 调用"乘3"函数
21
```
【lambda 语句只能用单个表达式来创建函数对象】

3. 递归函数（函数可以调用自己本身）

```
def factorial(n):  # 一个求阶乘的函数
    if (n == 0 or n == 1):
        return 1
    else:
        return n*factorial(n-1)
print(factorial(5))                        # 得到 5! =5*4*3*2*1 的值
```

函数返回值，通过 return 语句返回。

当函数中没有 return 语句时，默认是 return None。

```def func(c): return c```	```def func(a, b, c): return a, b, c```	```def func(a, b, c): return [a,b,c]``` 返回的是一个列表。
调用时用 A=func(c)，返回值就会被保存在 A 中，可以返回任何值，如 string，list，甚至返回一个函数，返回一个类，即类的实例。	函数返回的是一个元组，即等价于 return (a,b,c)。	【注意：有多个 return 时，执行到其中一个，函数就停止了！后面的所有语句都不会再执行了】
```def twice(s): return s*2 A = twice(4)```	```# find all odd a = [1,2,3,4,5,6] def findOdd(List): result=[] for x in List: if x%2: result.``` ```append(x) return result r = findOdd(a)``` # 结果存到 r 中，r 是一个列表。	Python 中的关键字 None True False 0 和 None 在逻辑上为 False。 -1 在逻辑上为 True。 一个有趣的例子： a=5; b=10 c=[b,a][a>b] a>b 是 False, [b,a] [False] 即[b,a][0]， 因此返回 a,b 中较大的一个。
#返回值保存在 A 中，定义函数的好处是让程序逻辑更加清晰，代码可重用，比如可以程序的其他地方多次调用此函数，把代码分成一个个逻辑功能模块。		

4. 局部变量和全局变量

```a=3```
```def plus():```
    ```b-4```
    ```print(a+b)```
 	
  a 在函数外，是全局变量，b 在函数内，是局部变量，也就是说 b 只能在函数在使用，在函数外 print(b)，试试看会发生什么？
	```a=3```
	```b=4```
	```def plus():```
	    ```a=6```
	    ```b=7```
	    ```print("a:",a,```
	```"b:",b)```
	      ```print("a:```
	```",a, "b:",b)```
	  为什么函数中 a,b 赋值不会把原来的覆盖掉呢？
		```def plus():```
		    ```global a```
		    ```# a 为全局变量```
		    ```a=5```
		```plus()```
		```print(a)```
		  使用 global 声明一个变量为全局变量，这样在函数外就可以使用这个变量，否则就会报错，因为找不到变量 a。

函数运行时，先找局部变量，再找全局变量，都找不到就会报错。函数运行后，函数内的非全局变量会被释放掉。如果函数内的变量要用在函数外，则需要用 global 声明。如果需要使用大量的全局变量，那么使用类来编写代码会更合适。

Python 寻找变量的顺序：LEGB 原则（即就近原则），查找顺序为 Local（局部变量），Enclose（上一层函数结构定义的变量），Global（全局变量），Build-in（内置变量）。变量的这种使用范围也称为变量的作用域。

2.2.16 Python 中的类

定义类用关键字 class，类中的函数（或称为方法）一般都有一个表示自己（准确说是类的实例）的参数，通常写为 self，如：

```
class Person:
    def __init__(self, name, age):
        """
        实例化一个对象时，自动调用该函数进行初始化
        如果不需要也可以不定义 __init__，但通常都会有
        """
        self.name = name
        self.age = age

    def say(self):          # 一般第一个参数是 self，代表实例本身
        print('I am %s, %s years old.' % (self.name, self.age))



                            # 参数传递给 Person 类中__init__ 函数
                            # 除 self 之外的 2 个参数，它们是实例化时传入参数
```

```
wz = Person('weizhong', 28)
print(wz.name)
wz.say()
```

（1）类与对象的域。

```
class Person:
    number = 0    # 定义类的属性，所有类的实例会共用。
    def __init__(self, name):
        self.name = name  # 定义实例的属性，可以在类的任何函数中定义
wz = Person ('weizhong') # 实例化（number 和 name 都是实例属性，属性也叫
成员变量）
```

类的属性可以通过 Person.number 类名来引用，即使没有实例化任何对象也可以；实例的属性必须在把类实例化为对象之后，通过实例来引用，如 wz.name。

（2）类以"__"为前缀的（两个下画线连用），Python 认为它是私有的，外部调用会引发 AttributeError 的错误，其他情况则表示为公有的。有个惯例，而以"_"为前缀标志的（一个下画线）只希望在类或对象中使用，但是在语法上仍表示是公有的。

（3）关于继承，希望读者自己找相关书籍或资料学习一下。

（4）模仿一个文件读写的范例程序。一般用 open(path).read() 来读取一个文件，简单模拟文件读写的接口如下：

```
class open(object):
    def __init__(self, file_path):
        self.file_path = file_path

    def read(self):
        print("read", self.file_path)

    def write(self, content):
        print("write %s to file %s" % (content, self.file_path))
```

调用的方式为 open(path).read()，类 open 调用时括号中的参数是在__init__内定义的。当调用类中的函数时，__init__会先执行，初始化一些操作。有关这方面的更多知识，请读者搜索网上的相关资料。

类中有属性和方法。在面向对象的程序设计中，属性也叫成员变量，方法（Method）就是传统程序设计中的函数（Function）或过程（Procedure）。

● 　类属性：不用实例化，可以直接用类名来引用，是所有的实例都会共享的属性。

- 类方法：classmethod 不用实例化，直接用类名就可以调用的方法。
- 静态方法：与类无直接关系，不带 self，它不能使用类中的属性和实例属性。
- 实例属性：实例化后才有的属性，每个实例都不同（存储在不同的内存地址中）。
- 实例方法：实例化后才能调用的方法。

2.2.17　命令行参数

```python
import sys
print(sys.argv)       # 输出一个列表
# 把上面的内容保存为文件 try.py
# 下面进入脚本所在目录，然后运行 python 脚本名称 参数
# 运行 python try.py 123，会得到
["try.py", "123"]     # 这样我们就可以捕捉命令行传入的参数，进行处理
# 运行 python try.py have a try，会得到
["try.py", "have", "a", "try"]
```

如果需要更专业的命令行解析，可以使用标准库 Argparse 来进行。

当然也有一些非常优秀的第三方库可以选择，比如 Pallets 提供的 Click 和 Google 的 Python-fire 等，读者可以根据需要自行了解和选用。

2.2.18　引用和复制一个对象

Python 中变量名本身是没有类型的，但值是有类型的。

在 Python 中，和其他程序设计语言不同，"a = b" 表示的是对象 a 引用对象 b，对象 a 本身没有单独分配内存空间（特别注意：这不是复制），它指向计算机中存储对象 b 的内存。因此，要想将一个对象复制为另一个对象，不能简单地用赋值（等号）操作，而要使用其他的方法。如序列类的对象（列表、元组）要使用切片运算符（即 ":"）来进行复制："a = b[:]"。建议读者学习相关模块 copy。

问题：字符串不是引用。对于这两条语句 "a="tuweizhong"; b=a;"，试试先改变 b 的值，再看看 a 的值是否发生改变。另外，对于数组的情况如何呢？（因为字符串不是可变对象，所以在改变字符串时会重新申请内存，id(b)会发生变化，即表明 b 所指代的对象发生了变化）。

| >>> a = [1, 2, 3] | >>> c = a[:] | >>> d = [a, c] |
| >>> b = a | >>> c[0] = 999 | >>> d |

`>>> b[0] = 5`
`>>> b`
`[5, 2, 3]`
`>>> a`
`[5, 2, 3]`
注意 a 也改变了。
	`>>> c`
	`[999, 2, 3]`
	`>>> a`
	`[5, 2, 3]`
	可以看到 a 没变。
		`[[5, 2, 3], [999, 2, 3]]`
		`>>> e = d[:]`
		`>>> e[0][0] = 444`
		`>>> e`
		`[[444, 2, 3], [999, 2, 3]]`
		`>>> a`
		`[444, 2, 3]`
		注意 a 也改变了。

　　"b = a" 其实 b 和 a 是指向同一个内存地址，可以用 id(a) 和 id(b) 来看它们的返回值是否相同。

　　"c = a[:]" 是对 a 进行了浅复制（与 "c = copy.copy(a)" 的作用相当），所以改变 c 时发现 a 没有受到影响。用同样的方式对 d 进行了浅复制，会发现改变 e 影响到 a，也就是说浅复制不会复制引用中的引用。如果想完全复制一份，应该用深复制，如下：

```
import copy
e = copy.deepcopy(d)      # 再尝试去改变 e 看看 a 和 c 会不会受到影响（答案
是不会）
```

2.2.19　常用内置函数

1. print 函数

```
print('name: {0}, age: {1}'.format (name, age))  # 用 format 进行格
式化
print('name:%s, age:%s' %(name,age))              # 用 %s 进行格式化
```

2. input(prompt)

prompt 为提示信息（字符串），不提供则默认为空。

A = input("Please input string A")，获得输入的字符串，并存放在变量 A 中。

3. help()

用于获取帮助信息。在 Python 代码中或者在 Python 的 Shell 中，如果已经定义了某个函数 some_func()，那么只要输入 help(some_func) 就会进入 help 界面，并显示出 some_func 对应的文档信息。此时，按【q】键可退出 help 界面。

4. range(a, b)

range([start=0,]end[,step=1]) # 中括号的意思是这个参数可以省略，当有两个参数时即 range(start,end)，它的意思是 step 默认为 1，要自己指定 step 参数时，则

必须是三个参数。

```
>>> list_a = range(2, 5)       # 初始化 list_a, 相当于 list_a=[2, 3, 4]
>>> list_a                     # 查看 list_a 的内容
[2, 3, 4]
```

range(5)和 range(0,5)和 range(0,5,1)一样得到[0,1,2,3,4]，都没有 5（原则是要前要不后，和切片操作一样，5 是取不到的），range(1,15,4)就是[1,5,9,13]，range(2,4)就是[2,3]，记住没有 4。

5. dir(模块名)

列出模块定义的标识符，不指定模块名时就列出当前模块的标识符。

6. len()

返回对象中元素的个数。可用于字符串、列表、元组、字典、集合等这些数据类型。

7. exec()

尽量不要使用。用于执行字符串行式的 Python 命令，execute 单词的含义是执行。

```
>>> command = "print('ok')"
>>> exec(command)
ok
```

8. eval()

尽量不要使用，提取字符串中的内容，evaluate 单词的含义就是求值。例如：
>>>print(eval("3*2")) # 试试 eval("range(11)")，看看能得到什么。

9. repr()

和 str() 类似，将对象转换为字符串形式，例如：

```
>>> v = ['a', 'b'] # 变量 v 初始化为列表 ['a', 'b']
>>> s = repr(v)     # 将 v 转化为字符串"['a', 'b']"
>>> print(s)        # 打印字符串
['a', 'b']
```

str 对人友好，repr 对 Python 友好，也就是说，str 是给人看的，repr 是给编译器看的，大概可以认为 eval(repr(object)) == object

10. zip(list_a, list_b, …)

将两个以上可迭代对象中每个的第一个放到一起，第二个放到一起，以次类推，得到一个新的迭代对象。举例说明，list_a = [1, 2, 3]，list_b = ['a', 'b']，list_c = list(zip(list_a, list_b))。list_c 结果为 [(1, 'a'), (2, 'b')]。zip()返回的迭代对象是参数中元素少的那个迭代对象，本例中 list_b 只有两个元素，因而返回的是 list_b。

11. pow()

```
pow(a, b)      # 返回 a 的 b 次幂，同 a**b，pow(2, 3) == 8
pow(a, b, c)   # 即 a**b % c，pow(2, 3, 6) == 2
```

2.2.20　常用模块的功能

1. os 模块

```
import os
os.mkdir("/tmp/abc")          # 创建目录"/tmp/abc"
os.makedirs(r"C:/a/b/c")      # 是 super-mkdir，创建所有子目录和可选权
限，os.makedirs(name, mode=0o777)，0o777 是八进制的 777，创建任何人都可以
读写的目录
os.name                       # 正在使用的 os 平台对应的字符串。Windows 平
台显示的是'nt'，Linux/Unix 平台显示的是'posix'
os.getcwd()                   # 获取当前工作目录
os.getenv('PATH')             # 读取环境变量 PATH 的值
os.putenv(KEY, VALUE)         # 设置环境变量 KEY，值是 VALUE。等价于
os.environ[KEY] = VALUE
os.listdir(path)       # 列出指定目录下所有文件和目录名(不会递归进子目录)
```

os.walk(path)，遍历目录或文件的方法，例如：

```
# root 为当前遍历目录，dirs 为 root 下的目录列表，files 为 root 下文件列表
for root, dirs, files in os.walk(path):
    for filename in files:
        print(os.path.join(root, filename))

os.remove('/tmp/hello.py')  # 删除指定文件
os.rename("a.txt","b.txt")  # 重命名
os.path.split('/tmp/test/hello.py')  # 将完整路径分开为目录名和文件名，
返回一个二维元组，(目录字符串，文件名字符串)，本例中返回('/tmp/test',
'hello.py')。
os.path.isfile(path)  # 判断所给路径是否为文件，返回 True 或 False。
os.path.isdir(path)   # 判断所给路径是否为目录，返回 True 或 False。
os.path.exists("/mnt/share")  # 判断目录是否存在，返回 True 或 False。
os.path.getctime(path)  # 获取创建时间
os.path.getsize(path)   # 获取文件大小，单位是字节（byte）
```

```
os.path.abspath(__file__)    # __file__是"魔法变量"，在文件中运行，可以
获取当前文件的绝对路径。
os.path.dirname(path)    # 取得文件或目录路径的上一级。
os.path.join(a, b, …)    # 进行目录拼接操作，比手动字符串拼接更优雅。
```

2. sys 模块

```
import sys
sys.exit(status)    # 相当于 raise SystemExit(status)，用于退出正在运
行的程序。可用 help(sys.exit)、help(SystemExit)查看详情。
sys.version          # Python 版本信息，如"3.7.2"。
sys.stdin            # 标准输入流
>>> my_str = sys.stdin.readline()
>>> print(my_str)
sys.stdout           # 标准输出流
>>> sys.stdout.write('ok')  # 终端会显示"ok2"
sys.stderr           # 标准错误流
>>> sys.stderr.write('ok')  # 因为默认标准错误输出是终端，因此效果同上。
sys.path.append('/usr/test')            # 代码执行时动态添加 import 搜
索目录。仅当程序执行至该句时，目录'/usr/test'才会被加入 sys.path 变量中，程序
退出后 sys.path 中不保存'/usr/test'目录。
sys.path.insert(index, '/usr/test')    # 向 sys.path 变量中插入目录。
将'/usr/test'目录插入到第 index 个目录之前，比如 index 为 0，
sys.path.insert(0, '/usr/test')是将'/usr/test'插入到 sys.path 变量中作
为第一个目录，这样就可以用自己编写的包替换系统中的某个包。
```

3. time 模块

```
import time
time.sleep(2)                           # 暂停 2 秒
time.time()                             # 获取 Unix Timestamp 时间戳
time.ctime()                            # 当前时间字符串
time.strftime('%Y-%m-%d %H:%M:%S')      # 获取当前年月日时分秒
```

4. pickle 模块

```
# 用于把 Python 对象存储到缓存（比如 redis，memcache 等）或文件系统中以及
从中恢复(Python 中一切皆对象)。
import pickle
# 序列化成 pickle 字符串或还原成 Python 对象
pickle_str = pickle.dumps(py_object)            # 将 Python 对象转换成
pickle 字符串
py_object = pickle.loads(pickle_string)         # 还原成 Python 对象
```

```
pickle.dump(object, file)          # 将对象 object 存储到文件 file 中
my_obj = pickle.load(file)         # 从文件 file 中取出对象并赋值给 my_obj
```

5. json 模块

```
import json
json.dumps(list_or_dict)           # 将字典或列表等序列化成"字符串"
json.loads(json_string)            # 将"字符串"反序列化成字典列表对象
```

另外，还有 json.load 和 json.dump 可以从文件中读取或写入，和上面类似。

备注：也有一些其他的序列化、反序列化的方式，比如 bson、message pack、yaml、protocol buffer 等，有兴趣的读者可以自行了解。

6. shutil 模块

```
import shutil
shutil.copyfile("a.txt","b.txt")   # 将 a.txt 复制一份，名称为 b.txt
shutil.move(path,newpath)          # 移动目录或文件
```

2.3　正则表达式

本节主要讲解正则表达式的基本使用方法。正则表达式非常重要，不管学习哪一门程序设计语言都会用到，它已经融入到了计算机的方方面面。

2.3.1　正则表达式中的元字符

正则表达式定义了一系列的"规则"，比如正则表达式中使用 \d 表示任意单个数字，使用这些规则，可以用于强大的匹配需求。所谓元字符就是指那些在正则表达式中具有特殊意义的专用字符。表 2-7 汇总了正则表达式中的元字符。只要弄清楚了"数字字母等常见组成""次数表示""子组"等方式，就可以轻松掌握正则表达式的用法。

表 2-7 正则表达式中的元字符

记号	说明	示例	示例解释
	literal	匹配该字符	this	this
	re1 | re2	| 为管道符号，表示多选一	Wuhan | Jilin	Wuhan 或 Jilin
常用	.	除换行符外的任何字符	a.b	aab, a9b, a b, a?b …
	\d	任意数字，同[0-9]，（和\D 是反义，即任何非数字字符）	\d{11}	11 位数字，如手机号
	\D	非数字字符	\D{5}	含有 5 个非数字字符的字符串
	\w	匹配任何数字字母和[A-Za-z0-9]同义，和\W 反义	\w+	数字和字母构成的字符串均可匹配
	\W	非数字字母		
	\s	匹配空白符，和[\n\t\r\v\f] 相同，和\S 是反义		
	\S	非空白符号		
范围	[...]	括号中任何一个字符	[aeiou]	a, e, i, o, u 任何一个
	[x-y]	匹配 x 到 y 之间的字符，可以有多个区间	[0-9]匹配数字	[A-Za-z]匹配一个字母
	[^...]	不匹配出现在^后面的任一个字符	[^aeiou]	不是 a, e, i, o, u 中的任何一个
边界	^	匹配行的开始，多行模式（MULTILINE）匹配模式时，可匹配任意行的开头	^Dear	以 Dear 开头的字符串
	$	匹配行的结束，如果最后是个换行符号，以这个换行符前面的字符为准，多行模式（MULTLINE）模式时可以匹配任意行的结尾	txt$	以 txt 结尾的字符串
	\b	匹配单词边界	\bthe\b	匹配 the，不匹配 there 或 together

（续表）

记号	说明	示例	示例解释
边界	\A	仅匹配整个字符串的开始，不支持多行模式	\Aabc	整个字符串以 abc 开头，匹配不上 xyz\nabc
	\Z	仅匹配整个字符串的结束，不支持多行模式匹配	def\Z	整个字符串以 def 结尾，匹配不上 def\nxyz
次数	*	前面的内容出现 0 次到多次	5*	0 个或多个 5
	+	前面的内容出现 1 次到多次	a+	1 个或多个 a
	?	前面的内容出现 0 次或 1 次	N?	0 个或 1 个 N
	{N}	前面的内容出现 N 次	X{5}	5 个 X
	{M,N}	前面的内容出现 M 次到 N 次	W{2,5}	2 个到 5 个 W
非贪婪	(次数)? (*|+|?|{})?	次数后面加个问号表示非贪婪匹配，即找出长度最小且符合要求的	".+?"	匹配引号引起来的部分，比如"a"b"c"，如果左边的正则表达式中没有问号，则会贪婪匹配整个这个字符串。但左边的正则表达式中有问号，因此只会匹配上"a"和"c"
子组	(正则表达式)	圆括号中匹配的内容会保存为子组（或称为子模式）	([0-9]{3})	三个数字，构成一个子组
	(?P<name>...)	命名的子组	(?P<name>\w+)	子组名称叫 name
	\子组编号	匹配已保存的子组，参考上面的(正则表达式)	(\w+) \1	两个词连续出现
	(?:)	虽然用括号括起来，但不算作子组	(?:jilin | wuhan) university	jilin university 或 wuhan university
	\	取消通配符特殊含义	\.	匹配字符.(点)本身

2.3.2　正则模块的核心函数

表 2-8 列出正则模块的核心函数的用法。

表 2-8　正则模块的核心函数

方法	说明
re.compile(pattern)	返回一个 regex 对象
若用 regex 对象，以下 pattern 参数不需要传入	re.compile(pattern).match(string) re.findall(pattern, string)
re.match(pattern, string)	匹配（从字符串开头开始）
re.search(pattern, string)	搜索（在字符串中找有没有符合的子串）
re.findall(pattern, string)	找出所有，返回列表
re.split(pattern, string, max=0)	符合 pattern 处进行分割，返回列表，max 可以指定最多分割的次数
re.sub(pattern, repl, string, max=0)	字符串替换，把 string 中符合 pattern 的部分替换成 repl 字符串
re.subn(pattern,repl,string,max=0)	和上面的 re.sub 类似，但会多返回一个替换次数

　　Python Shell 中的一些操作示例如下：（注意正则表达式的内容最好用 r'reg' 原始字符串的方式来表示，省去转义的不便。）

```
>>> import re
>>> re.match(r'\d{11}', '13800138000')
<__sre.SRE_Match object; span=(0, 11), match='13800138000'>

>>> re.match(r'\d{11}', 'mobile: 13800138000')
# 返回 None，由于是从开头匹配，字符串不符合要求

>>> re.search(r'\d{11}', '13800138000')
<__sre.SRE_Match object; span=(0, 11), match='13800138000'>

>>> re.search(r'\d{11}', 'mobile: 13800138000')
<__sre.SRE_Match object; span=(8, 19), match='13800138000'>

>>> re.findall(r'\d{11}', '13800138000')
['13800138000']

>>> re.findall(r'\d{4}', '1234,5678')
['1234', '5678']

>>> re.split(r'\d', 'A1B2C3D4E5')
```

```
['A', 'B', 'C', 'D', 'E', '']

>>> re.sub(r'\d', '0', 'A1B2C3D4E5')
'A0B0C0D0E0'

>>> re.sub(r'cat', 'dog', 'the little cat in the hat')
'the little dog in the hat'

>>> re.sub(r'\bcat\b', 'dog', 'cat tomcat category')
'dog tomcat category'    #可以看到只有 cat 被替换了，这就是\b边界的效果，
                         # 读者可以去掉左侧或右侧的\b，再看下是什么效果。

>>> re.subn(r'\d', '0', 'A1B2C3D4E5')
('A0B0C0D0E0', 5)

# 比如使用子组找出重复出现的单词
>>> re.sub(r'(\w+) \1', r'\1', 'the the little cat in the the
hat')
'the little cat in the hat'
# \w+ 代表一个单词，在第一个括号中，记作子组 1，可以用\1 表示，后面的\1 代表
这个单词重复一次。
# 第二个参数\1，代表替换成这个单词，即把重复出现两次的替换成一次。

# 不保存子组的示例
>>> re.findall(r'(?:jilin|wuhan) university', 'jilin university &
wuhan university')
['jilin university', 'wuhan university']
```

2.3.3　理解贪婪与非贪婪

示例：提取字符串中的<string>和</string>之间的内容。

```
import re
s = "<string>Weizhong Tu</string><string>Python is
interesting</string>"
pattern = "<string>(.+)</string>"    # 括号代表里面的内容保存成子组
reg = re.compile(pattern)            # reg 为 regex 对象
print(reg.findall(s))
# 结果我们却得到了
['Weizhong Tu</string><string>Python is interesting']
```

41

这并不是我们想要的结果，可以看出，正则表达式会尽可能匹配到更多内容（贪婪匹配模式）。想要得到预期效果，就要用非贪婪模式匹配（在表示次数的后面加上问号），即把 pattern 修改为 pattern = "<string>(.+?)</string>"，再试试看。再想想 pattern = "<string>(.+)?</string>" 行不行呢，为什么？

2.3.4　正则表达式中的 Flag

1. 点表示所有，re.S 或 re.DOTALL

在默认情况下，点不能表示换行，可以使用 re.DOTALL 来去掉这个限制。

```
>>> re.findall(r'.+', 'abc\ndef')
['abc', 'def']

>>> re.findall(r'.+', 'abc\ndef', re.DOTALL)
['abc\ndef']
```

2. 不区分字母大小写，re.I 或 re.IGNOREASE

```
>>> re.findall(r'and', 'Android and IOS')
['and']

>>> re.findall(r'and', 'Android and IOS', re.IGNORECASE)
['And', 'and']
```

3. 多行匹配，re.M 或 re.MULTILINE

```
>>> re.findall(r'^a.', 'aa\nab\nac\nde')
['aa']

>>> re.findall(r'^a.', 'aa\nab\nac\nde', re.MULTILINE)
['aa', 'ab', 'ac']

>>> re.findall(r'def$', 'def\nxyz', re.MULTILINE)
['def']

>>> re.findall(r'def\Z', 'def\nxyz', re.MULTILINE)
[]
```

另外，还有一些其他的 flag 设置，比如 re.X（即 re.VERBOSE）可以把正则表达式折成多行，添加备注，re.A（即 re.ASCII）只匹配 ASCII 字符，读者可自行了解。

有关正则表达式和正则模块的相关文档，请读者参考 Python 官方的网站：https://docs.python.org/3/library/re.html。

2.4　HTTP 协议的基础知识

本章我们将学习 Web 开发中最常用的 HTTP 协议，了解 HTTP 协议的组成部分，包括请求方法、请求串、请求报头/响应报头（Header）、请求或响应主体（Body）、状态码等内容。HTTP 协议在 Web 开发中占有非常重要的地位，是开发人员必须掌握的知识。

1. 协议简介

HTTP 协议是 Hyper Text Transfer Protocol（超文本传输协议）的缩写，是用于从万维网（World Wide Web，WWW）服务器传输超文本到本地浏览器的传输协议。HTTP 是一个应用层协议，它是基于 TCP 协议来传送数据（HTML 文件、图片文件等）。

人们每天使用浏览器访问各种网站、浏览新闻、下载文件等，大部分情况下都是使用的 HTTP 或 HTTPS 协议。

如果想通过 HTTP 协议获取互联网上的某个资源，就必须知道它的地址，这个地址就是 URL（Uniform Resource Locator，统一资源定位符），其格式为：

协议://域名[:端口]路径[?参数]，即：

```
protocol://domain:port/path/to/resource?querystring
```

其中 protocol 可以为 http 或 https。

domain 为域名，一般需要花钱购买，域名起初是为了解决 IP 不好记的问题，当然目前也可使用智能 DNS，实现多台后端服务器轮询或按区域分配、服务容灾等。

端口（port）：采用 HTTP 协议时默认用的是 80 端口，当采用 HTTPS 协议时，默认用的是 443 端口。默认端口通常都可以省略不写。

一个典型的 URL 地址如下：

　　https://www.baidu.com/s?wd=Django

其中 https 是指采用的协议，www.baidu.com 是域名，由于采用的端口是默认的 443，因此在上面的地址中就省略了，地址中的 /s 代表搜索功能，请求参数

（Query String）wd 的值是 Django，意思就是用百度来搜索 Django 这个词。

2. HTTP 请求响应模型

HTTP 协议基于客户端-服务器（Client-Server）架构。人们常用的 IE、Chrome、Firefox 等浏览器作为 HTTP 客户端通过 URL 向 HTTP 服务器端（Web 服务器）发送请求，Web 服务器根据接收到的请求，向客户端返回对应的信息。

HTTP 协议规定，客户端发起请求，然后服务器响应请求并将结果返回。通常一次请求只能得到一次响应。HTTP 请求/响应的交互示意图如图 2-6 所示。

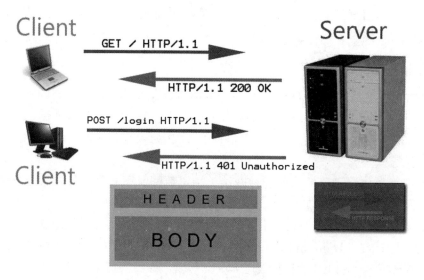

图 2-6　HTTP 请求/响应的交互示意图，引自 http://wiki.hashphp.org/HttpPrimer

3. HTTP 请求方法

在开发 Django 应用时，可以把一个个资源定义成 URL，比如在开发一个博客网站时，每一篇博文就是一个资源，可以用一个 URL 来表示它。例如下面的 URL 表示某一篇博客文章：

http://www.example.com/blog/1/

如果需要对资源进行增加、删除、修改等操作，就要用到 HTTP 协议规定的各种请求方法。常见的请求方法如表 2-9 所示。

表 2-9　HTTP 协议常见的请求方法

请求方法	说明
GET	请求指定的页面信息，并返回网页主体内容。通常用 GET 方法请求资源
POST	向指定资源提交数据请求进行处理（例如提交表单或者上传文件）。数据被包含在请求主体中。POST 请求可能会引发新资源的创建或已有资源的修改。通常用 POST 方法来新建资源
HEAD	类似于 GET 请求，不返回响应主体部分，只返回响应报头
PUT	从客户端向服务器传送的数据取代指定的文档的内容。通常用于修改资源
DELETE	请求服务器删除指定资源

另外，还有 PATCH，TRACE，OPTIONS 等方法，读者可以自行了解。

除了使用 requests 等模块自己编写代码测试 API，也可以使用 Postman 工具进行调试，非常方便，如图 2-7 所示。

图 2-7　Postman 工具简要说明

4. HTTP 状态码

在开发好了网站后，用户通过 URL 对资源进行操作，服务器端要告诉用户交互的结果，比如新增资源是成功还是失败了。一个较好的办法就是遵循 HTTP 协议，使用请求响应的 HTTP 状态码（Status Code）来进行判断。HTTP 响应状态码共分 5 类，如表 2-10 所示。

表 2-10　HTTP 响应状态码

状态码	含义	说明
1xx	指示信息	表示请求已接收，继续处理
2xx	成功	表示请求已被成功接收、解析、接受
3xx	重定向	一般表示要完成请求必须进行更进一步的操作，比如一个 URL 被临时或永久移动到了另一个位置
4xx	客户端错误	一般是请求有语法错误或请求无法实现
5xx	服务器端错误	服务器未能实现合法的请求

常见的状态码有：

200 OK：客户端请求成功。

201 Created：表示请求已经被成功处理，并且创建了新的资源。新的资源在响应返回之前已经被创建。

301：永久重定向，表示资源已经永久移动到另一个位置。

302：临时重定向，表示资源临时移动到了另一个位置。

304 Not Modified：表示客户端可以使用以前请求的结果，不需要再次请求。此特性可以节省服务器流量，还可以加速客户端访问。

400 Bad Request：表示由于语法无效，服务器无法理解该请求。客户端不应该在未经修改的情况下重复此请求。

401 Unauthorized：请求未经授权，这个状态代码必须和 WWW-Authenticate 报头字段一起使用，一般属于客户端调用问题，但也可能是服务器端设置有问题。

403 Forbidden：指的是服务器端有能力处理该请求，但是拒绝授权访问。

404 Not Found：请求资源不存在，比如资源被删除了，或用户输入了错误的 URL。

500 Internal Server Error：服务器发生不可预期的错误，一般是代码的 BUG 所导致的。

502 Bad Gateway：表示作为网关或代理角色的服务器，从上游服务器（如 tomcat、php-fpm）中接收到的的响应是无效的。例如 Nginx+uWSGI，当 uWSGI 服务没有启动成功或异常退出，而 Nginx 服务是正常的情况下，就会看到 502 Bad Gateway 错误。

503 Server Unavailable：服务器当前不能处理客户端的请求，一段时间后可能

恢复正常

504 Gateway Timeout：表示扮演网关或者代理的服务器无法在规定的时间内获得想要的响应。

5. HTTP 请求报头和响应报头

Chrome 或 Firefox 等浏览器，单击鼠标右键，在弹出的快捷菜单中选择"检查"，在弹出的面板上单击"Network"（网络）。准备就绪后，在浏览器上方的地址栏输入并访问一个网址，可以看到发送的响应报头（Response Headers）和请求报头（Request Headers），如图 2-8 所示。

HTTP 请求报头和响应报头非常多，讨论其中的细节内容超出了本书的范围，Web 开发者有必要参考相关网站或书籍进行系统性的学习。

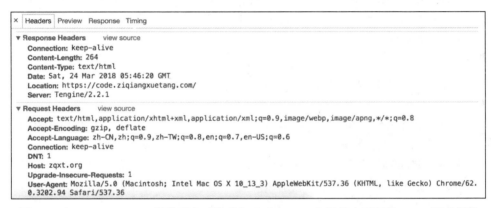

图 2-8　在 Chrome/Firefox 浏览器中"检查" → "Network"标签中看到的 HTTP 请求信息

2.5　绝对路径与相对路径

绝对路径和相当路径的概念相当重要，作为一名开发者必须要弄懂。它们在任何一种编程语言中都很常用，也非常重要。

以 '/' 开头的都是绝对路径，开头没有 '/' 的则是相对路径，'./'（一个点）表示当前目录，'../'（两个点）表示上一级目录，例如：

（1）f = open('twz.txt') 是打开当前工作目录（通常是脚本所在的同一个目录）中的 twz.txt 文件；如果是在"终端"程序中，就是"终端"程序当前工作目录中的 twz.txt，工作目录可通过调用 os 模块中的 os.getcwd()来获取，调用 os.chdir(path)可对其进行更改。

（2）f = open('/home/tu/test.txt') 绝对路径。

（3）f = open('tu/test.txt') 相对路径，打开当前目录的 tu 这个目录中的 test.txt 文件。

（4）f = open('../test.txt') 相对路径，打开当前目录上一级目录中的 test.txt 文件。

绝对路径和相对路径的转化：

```
>>> import os
>>> os.path.abspath('./')      # 将相对路径转换成绝对路径
'D:\\tmp' (windows)   /tmp/ (Linux 或 MacOS)
文件所在路径的获取（不能在"终端"程序中测试，编写在脚本文件中进行测试）
import os
os.path.abspath(__file__)     # 获取该文件的绝对路径
os.path.dirname(__file__)     # 获取该文件所在目录的绝对路径
```

2.6 Python 中的字符串编码

很多初学者会被 Python 中 UnicodeDecodeError 弄得一头雾水，相信读者也可能遇到过类似问题，下面介绍一下字符串编码相关的知识。由于编码知识比较复杂，本节内容的目的不是为了全面讲解字符集的知识，主要是让大家明白字符编码的重要性。

1. 基本原理

计算机中所有的内容都是用 1 和 0 组成的（二进制）。这和计算机的硬件实现原理相关，通常组成计算机的逻辑电路有接通和断开两种状态，分别用来表示 1 和 0。这样一个逻辑电路组成的单位叫一个比特（bit），一个逻辑状态能表示的内容有限，但组合起来就能发挥出无限的威力，8 个比特放到一起组成一个字节（Byte）。一个字节能表示的最大整数就是 255（二进制数 11111111 等于十进制数 255），字节对应的二进制数字被用来表示英文大小写字母、数字和一些符号，比如 01000001 代表大写字母 A（对应十进制数 65），01111010 代表小写字母 z（对应十进制数 122），这个对应关系就是 ASCII 编码表。

ASCII 码使用指定的 7 位或 8 位二进制数组合来表示 128 或 256 种字符。标准 ASCII 码也叫基础 ASCII 码，使用 7 位二进制数（最左边那一位，也就是最高位固定为 0）来表示所有的大写和小写字母、数字 0~9、标点符号以及一些特殊控制字符，简称 7 位 ASCII。

有了这个编码表，在计算机中处理大小英文字母、数字和标点基本上够用了，但问题是我们的中文有非常多的汉字，总数超过了 8 万，常用的都有 3500 多个，更何况世界上还有各种其他语言，那么在计算机中怎么表示数量庞大的字符集呢？

解决这个问题其实很简单，每个字符用多个字节来表示即可，一个字节不够就用两个字节，两个字节不够就用三个字节，使用足够多的字节数肯定是能表示庞大的字符集。使用这种 8 比特一组的多个字节值来表示其他的复杂字符，而这些 8 比特一组的字节就被称为 "原生 8 位编码值"。

但问题又来了，各个平台和不同国家的规定都不统一，同样的编码在一个国家表示某个文字，而在另一个国家可能被用来表示另一个文字，在信息交流的时候经常会出现 "乱码"。为了解决这个问题，必须得有统一的标准，于是 Unicode（统一码，也被称为万国码或单一码）就诞生了。Unicode 还有一个名字是 UCS（Universal Coded Character Set，国际编码字符集），UCS 是指一个字符集。Unicode 标准也在不断发展和完善，目前使用 4 个字节的编码表示一个字符，可以表示出全世界所有的字符。那么 Unicode 在计算机中如何存储呢？存储时必须占用 4 个字节，具体情况就涉及到编码的知识。

Unicode 最常见的编码方式是 UTF-8，另外还有 UTF-16、UTF-32 等。如果每个字符都用 4 个字节来存储，那么纯英文内容占用的存储空间就变成了原来的 ASCII 编码的 4 倍，非常浪费空间。而 UTF-8 编码比较巧妙，采用的是变长的方法，也就是一个字符在 UTF-8 编码表示时占用 1 到 4 个字节不等，兼容 ASCII 编码，表示纯英文时，并不会占用更多存储空间。

总之 Unicode 是一个标准，UTF8 或 GBK 等是具体的编码方式。

2. 转换过程

UTF-8、GBK 等通过解码（Decode）得到 Unicode，Unicode 通过编码（Encode）可以转换成 GBK 或 UTF8 等编码，理论上所有 Unicode 字符集中的内容都可以使用 UTF8 编码。但要注意的是，只有一部分 Unicode 字符集可以使用 GBK 编码，转换如图 2-9 所示。

图 2-9　字符串编码和解码过程

3. 示例

```
u'6 啊'.encode('utf8')->b'6\xe5\x95\x8a' (16 进制数表示的 8 比特编码值)
```

```
u'6啊'.encode('gbk') -> b'6\xb0\xa1'  (16进制数表示的8比特编码值)
```

从上面的例子可以看到 6 是用一个字节表示的,汉字 '啊' 在 Utf8 中是用三个字节表示的(GBK 中是两个字节),其中\xe5 的意思就是 16 进制数的 e5,代表一个 8 比特的二进制数:

```
bin(int('e5', base=16)) -> '0b11100101'.
```

再比如 '涂' 这个汉字,Unicode 编码为 6d82,可以查询编码表:

```
https://unicode-table.com/cn/
```

使用 Utf8 编码时 '\xe6\xb6\x82'对应 11100110,10110110 和 10000010 这三个 8 比特二进制数。

使用 GBK 编码时 '\xcd\xbf'对应 11001101 和 10111111 这两个 8 比特二进制数。

4. 结论

(1) Unicode 可以通过不同的字符编码来实现,最常用的是 UTF-8,它是 ASCII 编码的超集。

(2) Python 3 有两种表示字符序列的类型:bytes 和 str。bytes 的实例包含原生 8 位编码值,str 的实例则包含 Unicode 字符。

(3) Python 2 也有两种表示字符序列的类型,分别为 str 和 unicode 类型。与 Python 3 不同的是,Python 2 中 str 实例包含原生 8 位编码值;而 unicode 的实例,则包含 Unicode 字符。Python2 中的处理不够严格,如果 str 只包含 7 位 ASCII 编码的字符,那么 unicode 和 str 实例似乎就成了同一种类型:①可以相加;②可以比较;③可以用%s 格式化等。如果使用时不注意,那么在特定的场景下就会带来问题。

(4) 在编程时,编码和解码尽量在最外围来处理,程序处理逻辑中尽量全部使用 Unicode 编码,当有必要时(比如写入到文件)才将编码转换成 UTF-8 等编码。

从文件等中读取后尽快解码转换成 Unicode 编码。这样可以大大减少编码带来的各类问题。

第 3 章　Django 初步体验

本章将通过简单的示例，让读者快速了解 Django 中是如何开发 API 的。这些内容包括：在 Django 中如何处理一个请求，在 Django 中新建应用、设置和 admin 后台的功能，如何通过 Django QuerySet 进行数据的增加、删除、修改、查询以及简单 API 的开发的初步体验。

3.1　Django 的请求和响应

前面已经讲过，HTTP 协议是"请求-响应"模型，本节就用实际的例子来体验一下在 Django 中如何处理请求和响应。

安装好 Python 3 和 Django 2.1 之后，新建一个 Demo 项目，通过实现一个简易的博客系统来了解 Django 中的大部分功能。

```
$ django-admin.py startproject demo
$ cd demo
```

注：这个是在"终端"程序中执行的，不是 Python Shell 中执行的。

当前的目录结构如下：

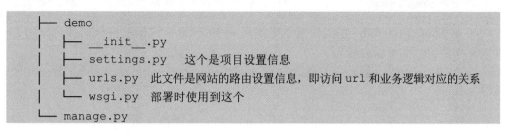

```
├── demo
│   ├── __init__.py
│   ├── settings.py    这个是项目设置信息
│   ├── urls.py    此文件是网站的路由设置信息，即访问 url 和业务逻辑对应的关系
│   └── wsgi.py    部署时使用到这个
└── manage.py
```

下面运行开发的服务器：

```
$ python manage.py runserver
Django version 2.1.3, using settings 'demo.settings'
Starting development server at http://127.0.0.1:8000/
```

用浏览器打开网址 http://127.0.0.1:8000，就可以看到默认的网站首页，如图 3-1 所示。

图 3-1 Django 2.1 中默认的首页

可以在运行时指定端口和 IP 地址：

```
$ python manage.py runserver 8080          # 使用 8080 端口，默认是
127.0.0.1，即本机
$ python manage.py runserver 0.0.0.0:8080
$ python manage.py runserver 0:8080
```

0 是简写的 0.0.0.0，是指使用本机的所有 IP 地址，这样其他机器就可以用本机的这些 IP 地址来访问本机。

在默认情况下，runserver 会在代码修改后自动重新加载（reload），方便开发时进行调试。

3.2 Django 的模型和 admin 站点

模型是什么？模型规定了代码和数据库的对应关系，一般简称为对象关系映射，简称 ORM，可以很方便地使用它来对数据库中数据执行"增删改查"等操作。

如果想自己实现一个博客系统，以便在网页上写博客来记录我们的学习心得。

下一节就通过一个博客应用来体验一下 Django 模型和强大的 admin 功能。

注意新建的应用名称要符合 Python 包的命名规则，比如不能以数字开头，我们就把这个博客应用取名为 blog。

3.2.1 新建 blog 应用

在项目根目录，执行下面的命令：

```
$ python manage.py startapp blog
Django 会使用应用模板生成如下文件：
blog
├── __init__.py
├── admin.py        和后台管理相关
├── apps.py         应用相关的设置信息
├── migrations      数据库变更记录都会保存在这里
│   └── __init__.py
├── models.py       模型，数据库相关的
├── tests.py        测试相关，可以把单元测试编写到这个脚本中
└── views.py        视图相关，可以在里面编写函数视图或类视图
```

3.2.2 修改项目设置

将应用添加到项目的 settings.py 中：

```
INSTALLED_APPS = [
    'django.contrib.admin',
    'django.contrib.auth',
    'django.contrib.contenttypes',
    'django.contrib.sessions',
    'django.contrib.messages',
    'django.contrib.staticfiles',

    'blog',  # 注意，这里添加新建的应用
]
```

读者可以思考一下以下问题：

为什么要做这一步，作用是什么？新建应用的时候 Django 为什么不自己直接

添加进去呢？

添加应用后，Django 中有一系列约定，只有在 INSTALLED_APPS 中设置后，应用中的模型、静态文件、模板等才能正常工作。如果添加了一个 Python 包，只是把公用的部分提取出来，放到一个公用的目录中，那么这个目录不需要加入到 INSTALLED_APPS 中，因为对于 Django 而言它不是一个应用。

一个应用到底要用哪些功能，Django 是不知道的。比如我们购买了某个天气服务公司 A 的天气服务（购买了天气接口访问权限），我们的用户查天气情况时，我们可以根据用户的请求向天气服务公司 A 请求天气数据，然后把以 JSON 格式返回数据结果进行适当调整，最后在前端页面上把这些数据"展示"给用户。在这个过程中应用所做的工作是数据的转发和适配，我们发现期间用不到数据库、模板、静态文件等，这种情况下我们可以不在 INSTALLED_APPS 中添加应用，甚至可以把 models.py 文件删除。

下面看一下 DATABASES 相关的设置：

```
DATABASES = {
    'default': {
        'ENGINE': 'django.db.backends.sqlite3',
        'NAME': os.path.join(BASE_DIR, 'db.sqlite3'),
    }
}
```

默认使用的是 sqlite3 数据库，可以改成使用 MySQL 或 PostgreSQL 等。本节我们可以先使用默认的设置。

3.2.3 编写模型代码

修改模型文件 models.py 写入以下内容：

```
from django.db import models


class Blog(models.Model):
    title = models.CharField('标题', max_length=200)
    author = models.ForeignKey(
        'auth.User', on_delete=models.SET_NULL,
        null=True, verbose_name='作者'
    )
    content = models.TextField('内容')

    def __str__(self):
```

```
    return self.title
```

其中的 Blog 类需要继承自 models.Model 类，这个类中有很多"魔法"操作，比如会给每个继承的子类添加一个 DoesNotExist 属性，进行数据库中数据和 Python 对象之间的转换操作等。

数据库中现在还没有 Blog 相关的数据表，运行下面的命令在数据库中创建出对应的表：

```
$ python manage.py makemigrations blog
```

这个命令会检查 app blog 中的模型的变更，会发现其中创建了一个 Blog 类，输出如下：

```
Migrations for 'blog':
  blog/migrations/0001_initial.py
    - Create model Blog
```

从输出的信息可以看到创建了一个文件，这个文件中记录了 models.py 和上次相比所不同的信息。感兴趣的读者可以自己打开这个文件看一看。

下面执行 migrate 命令让 migrations 文件正式作用到数据库。

```
$ python manage.py migrate blog
Operations to perform:
  Apply all migrations: blog
Running migrations:
  Applying blog.0001_initial... OK
```

从输出信息可知，命令执行成功了。

3.2.4　体验 admin 站点

接着需要先创建一个管理账号，Django 中自带了用户认证系统，使用下面的命令来创建用户相关的数据表等。

```
$ python manage.py migrate
```

输出信息和上面类似，这里不再赘述。

首先需要创建一个管理员账号，用于系统登录。

```
$ python manage.py createsuperuser
```

根据提示信息输入用户名和邮箱，再输入两次密码就创建成功了。

后台信息的设置则需要修改 admin.py，添加了以下几行：

```
from django.contrib import admin
from blog.models import Blog


@admin.register(Blog)
class BlogAdmin(admin.ModelAdmin):
    pass
```

登录到后台运行的开发服务器，看一下效果：

```
$ python manage.py runserver
Performing system checks...

System check identified no issues (0 silenced).
December 08, 2018 - 06:24:27
Django version 2.1.4, using settings 'demo.settings'
Starting development server at http://127.0.0.1:8000/
Quit the server with CONTROL-C.
```

用浏览器访问：http://127.0.0.1:8000/admin/，可以看到如图 3-2 所示的内容。

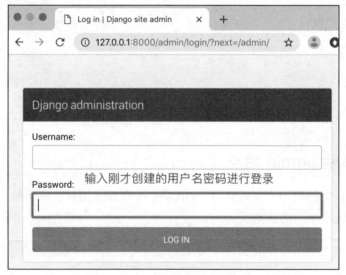

图 3-2   Django 后台登录页面

登录成功后可以看到如图 3-3 所示的页面，就是这么简单，几行代码就可以对 Blog 进行管理了。自己试着添加一篇博客文章吧，对文章进行"增删改查"操作也非常方便。

图 3-3　Django 管理网站的首页

页面上的部分内容是英文的，如果想要显示成中文，需要修改 settings.py：

将原来的 LANGUAGE_CODE = 'en-us' 修改成 LANGUAGE_CODE = 'zh-hans'
zh-hans 是指中文简体，zh-hant 则是指中文繁体。

新建博文的页面如图 3-4 所示。

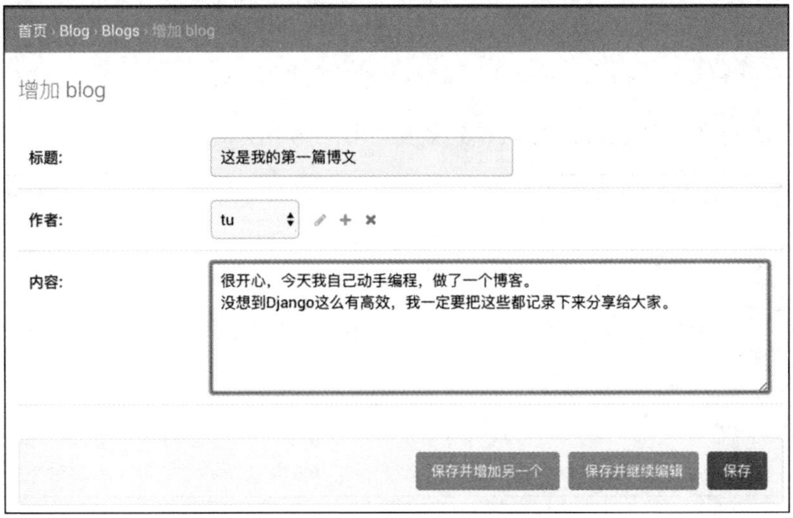

图 3-4　Django 后台管理，新增内容的页面

博文列表页面，如图 3-5 所示。

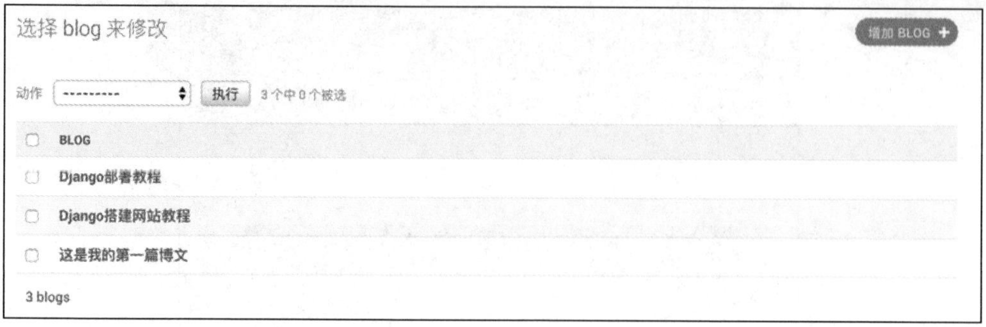

图 3-5　Django 后台管理，内容列表界面

3.2.5　对 admin 站点进行简单定制

通过上面的体验，可以了解 Django Admin 的强大功能，但读者会发现列表页面只显示了文章标题。如果想把作者等信息都列出来呢？

下面看一下如何来实现。修改 admin.py 添加一个 list_display 设置，前面没有做任何设置时，默认显示的是 Blog 类中的 __str__ 方法返回内容，相当于 list_display = ['__str__']：

```
@admin.register(Blog)
class BlogAdmin(admin.ModelAdmin):
    # list_display 用于设置列表页面要显示的不同字段
    list_display = ['title', 'author']
```

再次访问文章列表页，可以看到效果如图 3-6 所示。

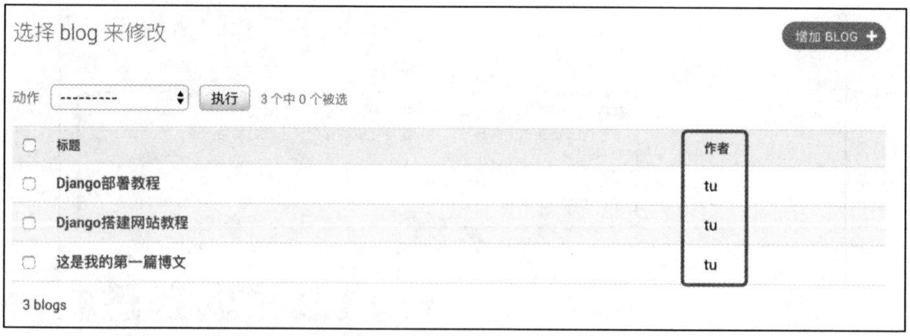

图 3-6　Django 后台管理，自定义显示不同字段的效果

假如网站有一个需求，想要实现功能，即搜索文章标题或文章内容来查找对应的内容。同样很简单，使用 search_fields 来实现，代码如下：

```
@admin.register(Blog)
class BlogAdmin(admin.ModelAdmin):
    list_display = ['title', 'author']
    search_fields = ['title', 'content']  # 参与搜索的字段列表
```

效果如图 3-7 所示。

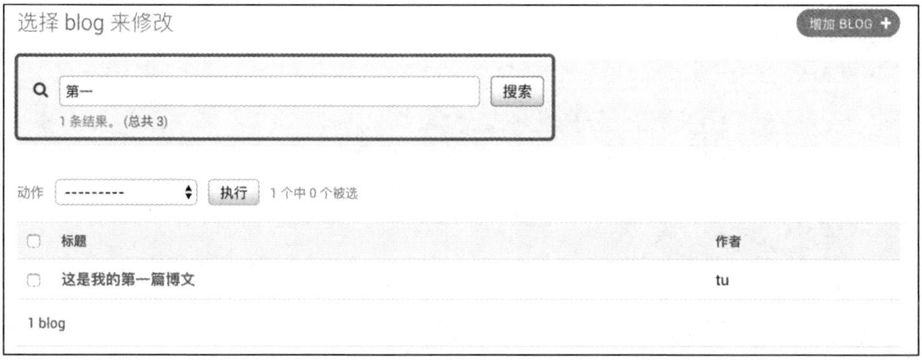

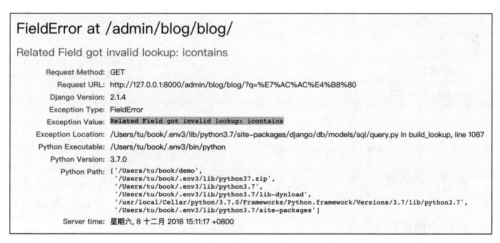

图 3-7　Django 后台管理的搜索功能

图中多了一个搜索框，随后就可以通过文章的标题和内容来搜索相关记录。如果想要通过作者来搜索呢？

可能有读者尝试用 search_fields = ['title', 'content', 'author']，但是实际会得到如图 3-8 所示的错误提示信息。

图 3-8　Django 后台管理，搜索自定义字段出现错误提示信息的示例

由于 author 字段是关系表，要链接到了另一条用户的记录，因此直接这么设置是有问题的，可以使用连续的两个下画线来引用关系表相关的属性。比如 User 数据表有 username、first_name、last_name 等字段，可以进行如下设置：

```
    search_fields = ['title', 'content', 'author__username',
'author__first_name', 'author__last_name']
```

这样就可以通过 author 的 first_name，last_name 和 username 来搜索了。有些读者可能会想，list_display 中也这么设置行不行？答案是不行！

如果想在列表页面展示，必须添加相关的属性：

```
class Blog(models.Model):
    title = models.CharField('标题', max_length=200)
    author = models.ForeignKey(
        'auth.User', on_delete=models.SET_NULL,
        null=True, verbose_name='作者'
    )
    content = models.TextField('内容')

    def __str__(self):
        return self.title

    def author_name(self):
        return '%s' % self.author.first_name
    author_name.short_description = '作者名称'
```

现在可以在 list_display 中引用 author_name 了，效果如图 3-9 所示。

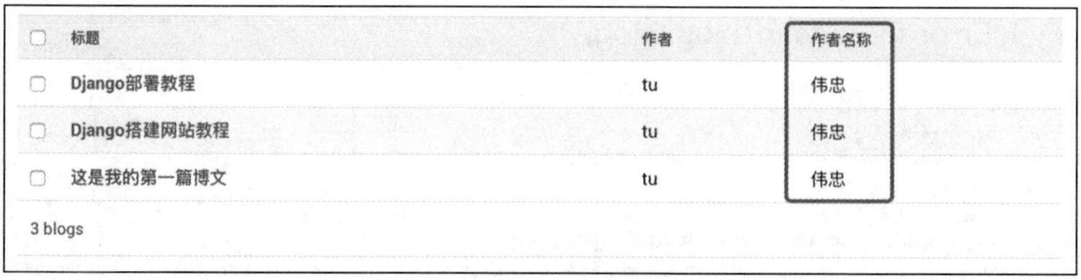

标题	作者	作者名称
Django部署教程	tu	伟忠
Django搭建网站教程	tu	伟忠
这是我的第一篇博文	tu	伟忠

3 blogs

图 3-9　Django 后台管理，设置外键字段的效果图

此时产品经理说，现在添加文章时，要选作者是谁，保存后如果还能随便更改作者，这不太好，能不能设计成谁创建的博文，在保存的时候默认他就是作者，而后不能再修改作者。

具体做法是，打开 Django 官方文档，从页面上找到 admin 相关的文档（http://bit.ly/2Aozd9F），从文档中找到了 save_model 方法。这种方法可以在数据保存时执行一些额外的操作，使用它把作者加上：

```
@admin.register(Blog)
class BlogAdmin(admin.ModelAdmin):
```

```
# 其他内容省略……
readonly_fields = ['author']

def save_model(self, request, obj, form, change):
    if not change:  # 如果不是修改，也就是"新建"的时候
        obj.author = request.user
    super(BlogAdmin, self).save_model(request, obj, form,
change)
```

change 为 False 时代表这个记录是新建的，为 True 时代表是执行修改操作。

下面是常用 ModelAdmin 设置（属性和方法）的汇总，如表 3-1 和表 3-2 所示，读者可以一一尝试。

表 3-1　常用 ModelAdmin 的属性

ModelAdmin 属性	作用
list_display	列表页面显示的字段设置
search_fields	搜索字段的设置，在 admin 上实现搜索功能
readonly_fields	设置只读字段，和 list_display 使用方法非常类似
list_filter	边栏筛选工具，比如可以设置为按作者进行筛选，常用于有选择的字段筛选、时间过滤等
list_editable	在列表页面可以直接编辑保存的字段，不用进入详情页面就可以修改这些字段的内容，有时会比较方便
list_per_page	列表页面的每页显示记录条数的设置
ordering	用来排序的字段
fields	在表单页面要显示的字段
exclude	在表单页面不显示的字段
fieldsets	用于对新增、更改页面的布局进行更多的定制
empty_value_display	自定义字符串空值或 None 时显示的内容，默认为英文的短线

表 3-2　常用 ModelAdmin 的方法

ModelAdmin 方法	作用
save_model(request, obj, form, change)	当单击"保存"按钮后，请求会进入到这个函数。可以在记录保存到数据库之前或之后进行一系列自定义的操作，比如将当前操作的对象保存到数据库的某个字段中。 其中 obj 是修改后的对象，form 是返回的表单（修改后的），当新建一个对象时 change 设为 False，当修改一个对象时 change 设为 True

（续表）

ModelAdmin 方法	作用
delete_model(request, obj)	当单击"删除"按钮时，会进入这个函数。可以用它来实现逻辑删除，比如当记录删除时，可以调用这个方法将 obj.is_deleted 设置为 True，使其隐藏起来，即逻辑删除，而不是物理删除
get_search_results(request, queryset, search_term)	自定义实现更高级的搜索逻辑，比如可以通过这个方法实现各个关键词之间"与""或"的关系（默认是"与"的关系），甚至调用这个方法实现更高级的搜索，比如使用 django-haystack 替换默认的搜索，实现搜索框的功能
get_list_display(request) get_readonly_fields(request, obj=None) get_search_fields(request)	与 list_display，readonly_fields，search_fields 功能类似。不过，可以根据 request 进行更灵活的进程控制，比如根据请求的用户，给出不同的展示结果，例如让会计人员可以看到商品的价格，而其他人看不到
has_add_permission(request)	判断用户是否具有新建记录的权限
has_change_permission(request, obj=None)	判断用户是否具有更改记录的权限，可以用此方法来实现只有创建人可以修改，通过判断创建人和当前操作人是否为同一个人即可
has_delete_permission(request, obj=None)	判断用户是否具有删除记录的权限，与上面类似，可以实现只有创建者可以删除自己创建的记录

在本节中，我们依次学习了 QuerySet 基本使用方法，如何使用 Django admin 实现一些基本的管理功能。如果应用中只需要简单的增删改查功能，那么使用 Django admin 来实现就足够了。

3.3 初识 Django QuerySet

前面的章节已讲述了在页面上进行的操作，那么在页面上展示的内容是如何从数据库中读取出来和写入的呢？

Django 中提供了数据库 ORM，使得绝大部分操作在各个数据库（SQLite3，MySQL，PostgreSQL 等）下的操作体验都是一样的。

下面就先在"终端"程序上进行尝试（开发和测试环境建议安装 ipython 以便获取更佳体验）。

```
$ python manage.py shell
```

3.3.1　基本查询

```
In  : from blog.models import Blog

In  : Blog.objects.all()  # 查询所有 Blog 记录
Out: <QuerySet [<Blog: aaa>, <Blog: Django 搭建网站教程>, <Blog:
Django 部署教程>]>

In  : for blog in blogs:
 ...:        print(blog.title, blog.author, blog.content)
Django 搭建网站教程 tu Django 搭建网站教程演示
Django 部署教程 tu Django 部署教程
……
```

到底这背后执行的 SQL 语句是什么？可以使用 str(queryset.query)得出：

```
In  : str(Blog.objects.all().query)
SELECT "blog_blog"."id", "blog_blog"."title", "blog_blog".
"author_id", "blog_blog"."content" FROM "blog_blog"
```

本质上，Django 的 ORM 中 QuerySet 执行背后还是 SQL 语句，所以 Django
QuerySet 的执行性能，和对应的 SQL 的性能是直接相关的。当某句 QuerySet 执
行很慢时，就需要分析背后的 SQL 语句执行慢的原因。

我们默认使用的是系统自带的用户数据表，感兴趣的读者可以自己测试。

```
In  : from django.contrib.auth.models import User

In  : User.objects.all()
Out: <QuerySet [<User: tu>, <User: 小王>, <User: 小李>]>
```

可以使用切片获取部分用户：

```
In  : User.objects.all()[:2]
Out: <QuerySet [<User: tu>, <User: 小王>]>
```

Model.objects.get()方法可用于查询某条记录，查询条件一般是主键或联合唯
一索引。当返回多条记录时会报错，即 Model.DoesNotExist。

```
In : user = User.objects.get(id=1)

In : user.username
```

63

```
Out: 'tu'

In : user.is_superuser
Out: True

In : user = User.objects.get(id=-1)    # 由于 id 都是正数，没有负数，所
以找不到
DoesNotExist: User matching query does not exist.
```

这时可以考虑使用 try except 来捕获异常：

```
try:
    user = User.objects.get(id=-1)
except User.DoesNotExist:
    user = None
```

也可以使用 user = User.objects.filter(id=-1).first() 代替上面的语句，查不到则返回 None，但区别是查到多条记录时 Model.objects.filter(xxx).first()不会报错，而是返回第一条记录。

3.3.2　添加记录

```
In : User.objects.create(username='twz')
Out: <User: twz>

In : dy = User(username='dy')
In : dy.save()

In : Blog.objects.create(title='test blog', author=dy, content=
'test content')
Out: <Blog: test blog>
```

由于在 Blog 中引用了 User，因此当创建 Blog 时就需要将 User 对象赋值给 author 参数，通常的做法是先查询或创建出对应的 user，然后创建 blog。

如果知道对应作者的 user id（主键），也可以执行类似于下面这样的操作：

```
Blog.objects.create(title='test blog', author_id=1, content='test
content')
```

3.3.3 修改记录

```
In : dy = User.objects.get(username='dy')
In : dy.is_superuser = True
In : dy.set_password('123456')
In : dy.save()
```

dy 这个用户可以使用用户名 dy 和密码 123456 登录后台运行的 Django Admin。

思考：如果仅在终端中这样执行，什么都没改，会在数据库中执行 SQL 么？

```
In : dy = User.objects.get(username='dy')
In : dy.save()
```

答案是可能会有问题，如果在这两条语句执行时，其他人修改了记录，就会导致更改丢失了。

```
In : dy = User.objects.get(username='dy')
```

另外打开一个 Shell，将 is_superuser 改成 False，保存后再回来执行下面的语句：

```
In : dy.save()
```

所以，可以尽早地执行 save 或者必要时就执行 save，就能减少这种情况发生的概率。

3.3.4 删除记录

```
In : dy = User.objects.get(username='dy')
In : dy.delete()


In : User.objects.filter(username='dy').delete()
```

3.4 Django 的视图和函数

由于目前大部分网站应用的开发都采用前端和后端分离的方式，因此在本节先来实现相关的接口。首先回顾一下 Blog 类：

```
class Blog(models.Model):
    title = models.CharField('标题', max_length=200)
    author = models.ForeignKey(
        'auth.User', on_delete=models.SET_NULL,
        null=True, verbose_name='作者'
    )
    content = models.TextField('内容')
```

接口一般返回 XML 或 JSON 等数据结构，下面以比较流行的 JSON 为例来实现列表页面和详情页面。

在 views.py 中编写相关的 blog_list 和 blog_detail 相关的逻辑，代码如下：

```
from django.http import JsonResponse
from blog.models import Blog


def blog_list(request):
    blogs = Blog.objects.all()
    context = {
        'blog_list': [
            {
                'id': blog.id,
                'title': blog.title,
            } for blog in blogs
        ]
    }
    return JsonResponse(context)


def blog_detail(request, blog_id):
    blog = Blog.objects.get(id=blog_id)
    context = {
        'blog': {
            'id': blog.id,
            'title': blog.title,
            'content': blog.content,
            'author': {
                'id': blog.author.id,
                'username': blog.author.username,
            }
        }
```

```
    }
    return JsonResponse(context)
```

在 blog 应用中新建一个文件 urls.py，它的内容可以参考项目中的那个 urls.py 文件内容来编写，代码如下：

```
from django.urls import path
import blog.views as blog_views


urlpatterns = [
    path('list/', blog_views.blog_list),
    path('detail/<int:blog_id>/', blog_views.blog_detail),
]
```

其中 <int:blog_id> 部分，int 是路径转换器（Path Converter），blog_id 是对应到视图函数 blog_detail 的参数。

更改项目根的 urls，demo/urls.py 中的代码如下：

```
from django.contrib import admin
from django.urls import include, path


urlpatterns = [
    path('blog/', include('blog.urls')),
    path('admin/', admin.site.urls),
]
```

同时也学习一下系统中自带的其他路径转换器：

- **str**：匹配任何非空字符串，不包括路径分隔符 '/'。如果转换器未包含在表达式中，则这是默认值。
- **int**：匹配零或任何正整数。返回一个 int 类型的对象。
- **slug**：匹配由 ASCII 编码的字母或数字组成的任何 slug 字符串，以及连字符和下画线字符。例如，building-your-1st-django-site。
- **uuid**：匹配格式化的 UUID。要防止多个 URL 映射到同一页面，必须包含短画线且字母必须为小写。例如，075194d3-6885-417e-a8a8-6c931e272f00。返回一个 UUID 实例。
- **path**：匹配任何非空字符串，包括路径分隔符 '/'。可以匹配完整的 URL 路径，而不是像 str 一样匹配 URL 路径的一部分。

当然，也可以编写成下面形式，使用正则表达式路径 re_path，即：

```
re_path('detail/(?P<blog_id>\d+)/', blog_views.blog_detail),
```

这样编写和前面的 path('detail/<int:blog_id>/', blog_views.blog_detail) 的功能是一样的，区别是 re_path 不会进行类型转换，传入到 blog_detail 中的 blog_id 是字符串类型，而 path 中的<int:blog_id>会实现类型转换，传入的 blog_id 是整数类型。

运行开发服务器，打开浏览器访问列表接口 http://127.0.0.1:8000/blog/list/，会得到类似于下面的内容：

```
{
    "blog_list": [
        {
            "id": 3,
            "title": "Django 搭建网站教程"
        },
        {
            "id": 4,
            "title": "Django 部署教程"
        }
    ]
}
```

当访问上面 id=3 的记录的详情接口 http://127.0.0.1:8000/blog/detail/3/，会得到：

```
{
    "blog": {
        "id": 3,
        "title": "Django 搭建网站教程",
        "content": "Django 搭建网站教程演示",
        "author": {
            "id": 1,
            "username": "tu"
        }
    }
}
```

不过，目前我们的接口比较简单，例如列表页面现在是显示所有的内容，没有分页的功能，下面给列表页面添加一个分页功能。

```python
from django.core.paginator import Paginator    # 引入分页组件
from django.http import JsonResponse
from blog.models import Blog


def blog_list(request):
    page = request.GET.get('page', 1)              # 第几页，默认第 1 页
    page_size = request.GET.get('page_size',20)    # 默认每页 20 条

    blog_qs = Blog.objects.all()
    paginator = Paginator(blog_qs, page_size)

    current_page = paginator.get_page(page)
    blogs = current_page.object_list

    context = {
        'blog_list': [
            {
                'id': blog.id,
                'title': blog.title,
            } for blog in blogs
        ],
        'paginator': {
            'total_count': paginator.count,
            'num_pages': paginator.num_pages,
            'page_size': paginator.per_page,
            'page_number': current_page.number,
        }
    }
    return JsonResponse(context)
```

打开浏览器访问 http://127.0.0.1:8000/blog/list/?page=2&page_size=1，就可以看到分页的效果了。

```
{
    "blog_list": [
        {
            "id": 3,
            "title": "Django 搭建网站教程"
        }
    ],
```

69

```
        "paginator": {
            "total_count": 4,
            "num_pages": 4,
            "page_size": 1,
            "page_number": 2
        }
    }
```

可以使用前端组件来展示接口输入的内容。

上面接口没有考虑接口容错，比如 page 和 page_size 等传入一个非数字的时候会报错，程序不够友好。

此时有两种方式：

● 传入错误时报参数错误。

● 传入错误时使用默认值。比如 page_size 无法转换成整型时，我们就使用默认的 20。

这里采用第二种方法进行简单处理：

```
def blog_list(request):
    page = request.GET.get('page', 1)               #第几页，默认第 1 页
    page_size = request.GET.get('page_size', 20)    # 默认每页 20 条
```

上面使用了"基于函数的视图"（FBV）实现了我们的需求，现在再改用"基于类的视图"（CBV）来重新实现一遍。

```
from django.http import JsonResponse
from blog.models import Blog
from django.views.generic.list import BaseListView
from django.views.generic.detail import BaseDetailView


class BlogListView(BaseListView):
    model = Blog
    paginate_by = 20  # 每页条数

    def get_paginate_by(self, queryset):
        return self.request.GET.get('page_size') or self.paginate_by

    def render_to_response(self, context):
        paginator = context['paginator']
```

```python
        current_page = context['page_obj']
        blogs = current_page.object_list

        data = {
            'blog_list': [
                {
                    'id': blog.id,
                    'title': blog.title,
                } for blog in blogs
            ],
            'paginator': {
                'total_count': paginator.count,
                'num_pages': paginator.num_pages,
                'page_size': paginator.per_page,
                'page_number': current_page.number,
            }
        }
        return JsonResponse(data)


class BlogDetailView(BaseDetailView):
    model = Blog

    def render_to_response(self, context):
        blog = context['object']
        data = {
            'blog': {
                'id': blog.id,
                'title': blog.title,
                'content': blog.content,
                'author': {
                    'id': blog.author.id,
                    'username': blog.author.username,
                }
            }
        }
        return JsonResponse(data)
```

urls.py

```python
urlpatterns = [
    # path('list/', blog_views.blog_list),
```

```
    # path('detail/<int:blog_id>/', blog_views.blog_detail),
    path('list/', blog_views.BlogListView.as_view()),
    path('detail/<int:pk>/', blog_views.BlogDetailView.as_view()),
]
```

　　我们发现在使用类视图后，数据库的查询、分页等很多细节功能都被封装好了，而且我们可以使用类的各种特性。一般来说，在实际的项目开发中，使用基于类的视图会比较方便。

　　使用 Django 开发 API 有比较成熟的框架，比如 Django Rest Framework，后面会重点进行讲解。

第 2 篇 实践学习一：
从一个简单的资源管理做起

在之前的章节中，我们已经对 Python 和 Django 有了一个基本的认识。这时读者可能会有这样的疑问，"当我拿到一个项目的时候，应该从什么地方入手开始着手开发这个项目呢？"

第 2 篇将通过一个实例带领大家设计一个简单的资源管理系统，以社团藏书管理为例，从项目的设计到最终实现，了解到常用的 Django 项目开发设计过程和 Django 基于函数的编程方式。

第 4 章　需求的确定和项目排期规划

本章将会从项目设计的角度出发，确定需求，并为藏书管理系统项目的开发进行项目排期规划。

通过本章的阅读，读者可以了解到，当拿到一个全新的 Django 项目时，应该如何通过项目的需求去逐步细化、完善设计，如何从 Django 框架的角度去设计和规划一个 Django 项目。

4.1　产品定位

在开始设计项目之前，首先需要做的是对要完成的产品进行一个基本的定位，以确定在设计产品时的设计重心，避免在设计项目时有所疏漏，造成系统运行的潜在危险，或者因为过度设计而造成不必要的工作量投入。主要从以下几个维度来思考：

● **内部系统或外部系统**：在设计一个产品时，一个内部系统的要求和一个外部系统的要求是截然不同的。对于一个在内网环境使用的内部系统，更关注于系统的功能需求和实现的便捷性。而对于一个面向用户的外部系统，更关注的是产品的安全性、用户交互的体验等，这对于后端开发会有更高的要求。

● **用户数量**：不同规模的用户数量和并发使用量，它们直接决定了项目的复杂性。对于用户数量较小、并发量小的系统，则无须设计非常复杂的缓存机制；而对于用户量大较大的系统，就需要通过缓存机制、主从数据库等各类手段来达到降低负载的目的，使目标系统可以达到更快的响应速度，提供更好的用户体验。

● **系统使用频次**：对于使用频次较高的系统，在设计项目时需要更多地考虑项目的稳定性和拓展性。对于这类项目通常随着使用时间的增加会不断地有大大小小的新需求，所以在设计时就需要充分考虑项目的可拓展性，方便在日后项目需求拓展后上线添加新的功能。对于使用频次较小的系统，比如为一些特定活动或者事件开发的系统，多半可能只有一次性使用的机会，那么对于可拓展性的考虑就可以适当减少。

通过这些方面的思考，我们可以对项目有一个初步的定位，在这个定位的基础上再确定项目的需求会相对容易一些。

对于在本书这部分中为例来实现的藏书管理系统，项目的定位是一个社团内部使用的藏书管理系统，属于一个内部系统，用户量较少，使用频次也相对比较低。功能单一且确定，即进行书籍的基本管理（增删改查等）。

4.2 功能需求的确定

上一节中，已经对系统有了一个基本的定位，接下来就可以确定产品的功能需求了。

回到藏书管理系统这个例子，我们要实现一个社团或者单位用的图书管理系统，用一句话来概括，就是要实现一个系统对图书进行增删改查的管理操作。

基于这样一个粗略的概括，就开始对项目进行开发，那么很明显是远远不够的，需要对项目的需求做进一步的细化。对需求进行细化，可以从用户的角度去考虑，就是将自己换位为用户，思考当用户进入系统时，会执行什么样的操作，或者需要使用哪些功能。

首先，我们必须确定，对于这个图书管理系统，需要有什么样的角色。不难想到，首先需要一个管理员角色，其次就是一般用户。

对于这个系统的一般用户而言，他们主要是对书籍进行查询和检索，同时需要提供常见的注册和登录功能。

而对于管理员用户而言，除了需要提供一般用户的功能外，还需要额外添加对图书进行管理的功能，如涉及图书的添加、修改和删除等操作。

至此，这个系统的基本功能需求就确定得差不多了。进行一个简单的归纳，需要实现的基本功能有如下几点：

（1）用户注册。
（2）用户分级。
（3）用户登录。
（4）书籍信息的添加。
（5）书籍信息的修改。
（6）书籍信息的删除。
（7）书籍信息的分类展示。
（8）书籍信息的查询。

根据这样的规划，从技术角度就已经基本确定了要实现的功能。

4.3 产品设计的确定

确定好了功能需求之后，本节将会着手明确一下产品的设计。

既然是一个图书管理系统，首要管理的对象就是图书。需要进一步考虑，这个系统将要展示或者存储图书的哪些信息。

从书籍角度来考虑，需要存储和展示书籍的一些基本信息，例如：名称、作者、分类、ISBN、价格、出版社、简介以及书籍的所有者。除此以外，还考虑为图书添加图片。

从用户角度考虑，就一般用户而言，无须登录即可检索和查看书籍信息。管理员用户则有专门的页面对图书执行管理操作，例如添加图书，因此需要设置专门的页面，可以用于添加图书的信息和图书的图片。

从页面角度考虑，需要如下几个页面：

（1）用户进入系统时的欢迎页面，也是网页的首页。
（2）书籍列表的页面，用于展示搜索结果或者分类信息。
（3）书籍详情的页面，用于展示书籍的详细信息。
（4）注册页面，用于用户注册。
（5）登录界面，用于用户登录。
（6）书籍信息的添加页面。
（7）书籍信息的修改页面。

经过以上的思考，我们大体就了解了产品的定位和需求。接下来，就可以根据这些需求和产品设计从程序的角度来思考如何实现这个产品。

4.4 产品实现的排期

虽然已经明确了产品的功能和设计，但是面对这么多的功能和页面，对于初学者可能会有一种无从下手的感觉。本节就来对这个项目进行一个简单的排期，从而确定实现各个功能和页面的具体时间安排。

经过前面章节的介绍，我们知道 Django 是一个基于 MVT 模式设计的框架，再考虑目标产品是一个典型的以数据为中心的产品，所有主要的操作其实都是围绕着图书和用户进行的。所以对于图书这个类的设计，就是整个产品的核心所在。只要将图书的模型完成之后，就可以针对这个模型来编写它的增加、删除、修改、查询的接口和页面。

在这个产品的排期中，首先需要确定的就是图书和用户两个模型，接下来就围绕这两个模型编写相关的页面，最后完成一些外围功能和页面。

根据以上的分析，可以确定的编写顺序如下：

（1）图书和用户的模型。

（2）用户的注册和登录。

（3）图书的增加、删除、修改、查询接口。

（4）其余页面。

用户页面和图书页面实现的先后其实是可以调换的，之所以将用户页面相关的实现放在前面，是因为页面较少并且功能相对独立。

第 5 章 数据模型的设计与实现

本章将开始介绍 Django 的模型（Model）部分，学习如何使用模型来设计数据模型，并且学习如何使用模型提供的 API 进行相应的数据库操作。

通过本章的学习，读者将了解到 Django 中模型中常用的几种基本字段，了解 Django 常用的数据查询接口以及一些字段的基础属性。

5.1 模型简介

Django 作为一个非常成熟的 Web 框架，提供了一套完整的 ORM 框架，即对象-关系映射框架。ORM 框架的作用是将数据库的关系映射为 Python 中的类与对象，从而对数据库进行封装。在编写 Django 应用时，可以将绝大多数常用的数据库操作转换为对 Python 对象的操作，从而简化了代码的编写，同时也提高了代码的可读性。

Django 的模型是我们在编写网站应用时，数据唯一确定的信息来源，包括一些必要的字段和方法。在一般情况下，每一个模型映射着一张数据库的数据表。模型的每一个属性都对应着数据库的一个字段。Django 会根据模型自动生成数据库访问接口，无须我们另行编写。

5.2 模型的数据字段

在 Django 框架中，提供了一共 27 种常用的基本数据字段类型。每一种字段类型都适用于一个特定的应用场景，并根据类型特性给出一定的数据约束规则，从最基本的字符字段、整数字段到 UUID 字段这类特定使用场景的字段等都提供了，而且还可以根据文档规范去自定义字段类型。

在这一节中，会简单介绍一下 Django 框架提供的这 27 种基本数据类型的常用字段。这些字段已经可以满足大部分日常开发的了。

为了方便说明，下面各节将这 27 个字段分成 7 小类，逐一进行介绍。

5.2.1 数值类字段

本节将介绍 Django 框架中与数值相关的 9 个数据类型的字段。

首先是 AutoField 和 BigAutoField 这两个数据类型的字段。在 Django 应用中，如果没有给模型指定一个主键的话，Django 会自动给模型添加一个 AutoField 类型的字段，它是一个根据可用 ID 自动添加的整数类型字段，通常我们都不会直接去使用这个类型的字段。BigAutoField 与 AutoField 类似，不过 BigAutoField 是一个 64 位整数类型的字段，如果预计将来这个模型的记录会非常多，就可以考虑使用 BigAutoField 类型的字段，而不是 AutoField 类型的字段。

IntegerField是很常用的一种数据类型的字段，代表一个32位的整数，取值范围为-2147483648~2147483647。从这个字段中派生出其他4个数据类型的字段，PositiveIntegerField 为非负整数类型的字段，取值范围为 0~2147483647。SmallIntegerField为小整数类型的字段，代表一个16位整数类型，取值范围为-32768 ~ 32767。PositiveSmallIntegerField为非负数整数类型的字段，取值范围为0~32767。BigIntegerField为大整数类型的字段，与整数类型的字段类似，它是一个64位整数类型的字段，取值范围为-9223372036854775808~9223372036854775807。

FloatField 为浮点数类型的字段，用于存储一个实数，代表 Python 中的 Float 类型的实例。

DecimalField 为十进制数类型的字段，这个字段代表一个固定精度的十进制数，代表着 Python 的 Decimal 模块中 Decimal 对象的实例。这个字段有 max_digits 和 decimal_places 两个必备参数，前者代表允许的最大数位，必须大于等于后者，后者代表着小数位数。

5.2.2 字符类字段

本节将介绍与字符类型相关的 7 个类型的字段。

- **CharField** 为字符类型的字段，用于存储字符串类型的数据，有一个必须的字段属性为 max_length，用于说明该字段所需存储的字符串的字符长度。其派生出三个类似的字段：
  - **EmailField** 为电子邮箱字段，在字符字段基础上添加了 Email 格式验证。
  - **SlugField** 为标签字段，仅含有字母、数字、下画线和连字符，常用于 URL 中。
  - **URLField** 为 URL 字段，默认字符长度为 200 字符。
- **FilePathField** 为文件路径字段，用于存储文件路径，可被限制在当前文件系统上某一特定目录中的文件名上。其 Path 参数为必选参数，指定文件路径字段选择文件名的目录的绝对路径。接受一个字符串类型的可选参数 match，该字符串可以是一个正则表达式，用于筛选文件名。

- **TextField** 为文本字段，用于存储大量文本，无需指定最大长度。
- **UUIDField** 为 UUID 字段，用于存储 UUID 字段，与 Python 中的 UUID 对象对应，在数据库中通常使用 char(32) 来存储。模型的主键还可以使用 UUID 字段来代替 AutoField，但是数据库不会为数据生成 UUID。因此，如果使用 UUID 字段作为模型的主键时，需要为 default 参数传递一个可调用的 UUID 生成函数，如 id = models.UUIDField(primary_key=True, default=uuid.uuid4, editable=False)。

5.2.3　布尔类字段

接下来介绍两种布尔类型的字段。

- **BooleanField** 为布尔字段，只有 True 和 False 两个值。如果没有指定 default 参数时，该字段的默认值为 None。
- **NullBooleanField** 为可空布尔字段，在布尔字段基础上加入了 null 选项。在 Django 2.1 中进行了变更，建议直接使用 BooleanField(null=True) 来实现同样的功能（旧版本中不允许这么做），将来 NullBooleanField 会被废弃。

5.2.4　日期时间类字段

在模型中同样有用于描述日期和时间类型的字段，Django 提供了 4 个可用的字段来应对不同的使用场景。

- **DateField** 为日期字段，用于存储日期数据，代表 Python 中的 datetime.date 类的实例，有两个可选参数为 auto_now 和 auto_now_add，均为布尔类型参数。当 auto_now 设置为 True 时，每当该模型的实例调用 save 方法进行保存时，都会自动更新这个字段的值，常用于记录最后的修改时间。auto_now_add 则是在该模型的实例第一次创建时，自动将该字段的值设置为当前时间，常用于记录创建时间，后期对于这个值的修改操作都会被忽略。这两个可选参数是互斥的，如果同时为 True，则会引发异常，记录创建时间和修改时间通常是使用两个字段来分别记录的。
- **DateTimeField** 为日期时间字段，派生于日期字段，代表 Python 中的 datetime.datetime 类的实例，与 DateField 的可选参数一样。

- **TimeField** 为时间字段，代表 Python 中的 datetime.time 类的实例，与 DateField 的可选参数一样。
- **DurationField** 为时间段字段，用于存储时间段信息，对应于 Python 的 timedelta，通常在数据库层使用 bigint 类型来存储毫秒信息。

5.2.5　文件类字段

模型也有两个与文件相关的字段。

FileField 为文件字段，用于处理文件上传的字段，不可以作为该模型的主键。该字段有两个可选参数 upload_to 和 storage 需要特别说明一下。

upload_to 用于指定文件的上传路径。可接受两种形式的参数，一种是符合 strftime 函数的字符串，在保存文件时将替换为相对应的时期或时间格式。Django 中有可以实现不同的文件存储方式（使用不同的存储引擎），比如保存在服务器本地、FTP、第三方服务商提供的文件存储器中等。如果使用的是 Django 的 FileSystemStorage 的话，文件将会保存在 MEDIA_ROOT 路径下的 upload_to 路径下，upload_to 这个参数可以是一个具体的值，也可以是一个生成保存路径的函数，该函数要求接收两个参数：第一个参数为调用 save 方法的实例，即该模型的实例；第二个参数为文件名。该函数用于返回一个 Unix 模式的路径名给存储引擎。

storage 参数用于指定使用的存储引擎，用来实际存储和读取文件。在 Django 中，对上传文件的处理方式通常不会直接存入数据库（一般不会使用数据库保存文件），而是根据存储引擎的规则，将文件存储在文件系统中，并将文件的存储路径存入数据库。在这种情况下，存储引擎会根据所调用的 storage 的 url 方法来生成该文件的 URL 地址，以供模板使用。如果需要编写自己的 storage 类，就要注意 url 方法的编写。

ImageField 为图片字段，完全继承于 FileField，在此基础上添加了图片校验，会验证上传的文件对象是否为图片。与 FileField 相比，ImageField 添加了 height_field 和 width_field 两个可选参数，这两个可选参数接受模型中用于存储图片高和宽信息的字段名称（必要时自己在该模型中添加对应的字段）。每当对该对象调用 save 方法保存时，会自动更新对应字段的值（需要 Pillow 模块支持）。

5.2.6　IP 地址类字段

Django 还提供了一个 IP 地址字段用于存储 IP 地址相关的信息。

GenericIPAddressField 可以存储一个 IPv4 地址或者一个 IPv6 地址，会校验输入信息的有效性。

5.2.7 二进制类字段

虽然在 99%的情况下直接将二进制信息保存到数据库中都不是一个良好的设计，但是 Django 依然保留了这样的字段。

BinaryField 为二进制字段，用于保存原生的二进制数据，只能通过字节访问，同时其他查询功能也都受到限制。

5.3　模型关系字段

5.3.1 外键字段

在 Django 中外键（ForeignKey）代表着数据库中的多对一关系。这种关系在人们日常的使用中是非常常见的，例如一个班级有很多学生，那么学生与班级的关系就是一个典型的多对一的关系。在这样的关系中，可以给学生这个模型添加一个外键字段将学生与班级关联，建立这种多对一的关系。在数据库层面，会为这个模型添加一个关联字段的主键记录，用于记录这种关联关系。

ForeignKey 字段在使用时有两个必选参数：第一个参数是与之关联的模型的名称；第二个是 on_delete 字段，这个字段用于指明，当关联的对象被删除时该对象的行为。

5.3.2 多对多字段

多对多字段（ManyToManyField）用于处理两个模型之间的多对多关系。与外键类似，有一个必选参数为与之关联的模型的名称。

在使用多对多字段时，如果两个关联关系之间存在较为复杂的关系，则可以通过 through_fields 参数来自定义中间模型。例如，在大学课程选课的过程中，课程和学生之间存在一个复杂多对多关系，学生可以选择多门课程，一门课程可以被许多学生选择。那么可能这一门课程对于不同的学生来说，要求也不一样，有必修、有选修或者是公共课，那么对于这种复杂的关系，就可以通过一个自定义的中间模型来表示：

```
from django.db import models


class Student(models.Model):
```

```
    name = models.CharField(max_length=16)

class Course(models.Model):
    name = models.CharField(max_length=64)
    student = models.ManyToManyField(
        Student,
        through='Relationship',                # 指明通过哪一个模型进行关联
        through_fields=('course', 'student'),  # 关联字段的名称，注意这
个元组的第一个是当前模型对应的字段
    )

class Relationship(models.Model):          # 用于关联关系的模型
    student = models.ForeignKey(Student, on_delete=models.CASCADE)
    course = models.ForeignKey(Course, on_delete=models.CASCADE)
    course_type = models.CharField(max_length=64)
```

在上面这个例子中，就是通过 Relationship 中间模型来关联了学生和课程这样两个复杂的关系。

5.3.3　一对一字段

一对一字段（OneToOneField）与外键字段极其相似，不同之处在于，一对一字段模型对象之间是一一对应不可重复的。在使用关联字段进行反查时，将直接返回单个对象，而不像外键那样返回一个关联对象的集合。

一对一字段常用于对一些模型进行拓展，比如可以对 Django 自带的用户模型进行扩展，添加额外的用户信息。

5.4　字段参数

在 5.3 节已经向大家介绍了模型的很多常用字段，对于这些常用字段，有些通用的字段参数可供使用，这些参数都是可选参数。本节将简单介绍一些常用的通用参数。

● **null** 参数：如果将这个参数设置为 True，那么向数据库保存这个对象时，如果这个字段是空值的话，数据库中将会保存为 NULL。对于字符类的字段应当尽可能避免将这个参数设置为 True。

● **blank** 参数：如果将这个参数设置为 True，那么在保存数据时这个字段对应

的输入框可以留空。

- **choices** 参数：这个参数接受一个元组或者列表作为该字段可选值的列表。这个元组或者列表中的每一个元素必须为一个二元组。二元组的第一个值将作为这个字段的值被保存在数据库中，而第二个值是一个可读性较强的值用于显示，两个值可以保持一致。

- **db_column** 参数：用于指定该字段在数据表中的名称，如果没有指定，则会通过 field 字段名称生成一个默认名称。

- **db_index** 参数：如果设置为 True 的话，那么将会在这个字段上创建数据库索引。通常添加索引可以提高检索速度，但数据库索引并非越多越好，因为数据的增加、删除、修改会导致数据库索引的更新，从而造成额外的性能开销，所以应当按需设置索引。一般适合在区分度较强的字段上建立索引，例如对于一个学生信息表，以学生的姓名作为索引可以提高查询速度，但用学生性别字段作为索引则意义不大（只有两种取值，区分度比较低，不能发挥索引的优势）。

- **default** 参数：为该字段设置默认值，也可以是一个生成默认值的函数。如果是一个函数，那么每次创建新对象时都会调用该函数。

- **primary_key** 参数：如果设置为 True，这个字段将会被指定为当前模型的主键。作为主键的字段不能为 NULL，也不能为空。同时该字段也将变为只读字段，如果要对该字段进行修改并保存时，会新创建一条记录。需要注意的是，如果某个模型中所有字段都没有设置 primary_key=True，Django 将会自动为模型添加一个自动增加的主键字段。

- **unique** 参数：如果设置为 True，则会在数据表中保持该字段唯一，数据库会添加唯一索引。如果保存一个该值重复的模型，系统将会抛出异常。在设置了 unique 为 True 后就无须再设置 db_index 参数。

- **verbose_name** 参数：为字段提供一个可读性良好的字段名称，比如在 Django Admin 操作界面上显示更易懂的文字。

5.5　图书管理系统模型的实现

通过前面几节的学习，读者应该已经了解了关于模型设计实现的基本方法，本节通过实例来演示如何完成项目模型的设计。

依照之前对于产品的设计，不难想到图书管理系统主要需要的几个模型为：书籍、用户、书籍的图片。对于这样几个模型，需要考虑每个模型所需要的一些字段。

对于书籍模型，首先想到的是书籍名称、作者、书籍的定价、出版日期、书籍分类和书籍添加时间等。

对于用户模型，需要用户名、邮箱、密码等信息，最后还要记录该用户是否是管理员用户。

对于书籍图片模型，是作为可选信息出现的，那么对于每一张图片，需要图片的名称、描述、文件以及所属书籍等字段，所属书籍字段使用外键与书籍模型进行关联。

这样确定了模型的基本实现之后，就可以开始动手编写代码了。

第一步还是打开熟悉的 PyCharm 新建一个名为 BookManagement 的项目，并同时创建一个名为 management 的应用，如图 5-1 所示。

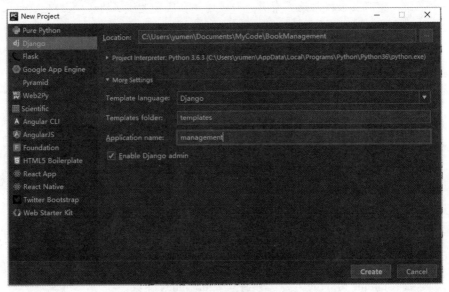

图 5-1　创建项目

创建完项目文件之后，可以看到这个 Django 项目的一个基本项目结构，如图 5-2 所示，其中的 management 就是刚才创建的 APP，对应一个单应用的网站，因而所有的操作都会在这个 APP 中进行。

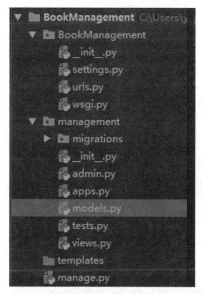

图 5-2　新建的 Django 项目的目录结构

接下来一起在 management/modesl.py 中编写模型部分。

```python
from django.db import models


class Book(models.Model):
    name = models.CharField(max_length=128, verbose_name='书籍名称')
    author = models.CharField(max_length=64, verbose_name='作者')
    price = models.FloatField(default=0.0, verbose_name='定价')
    publish_date = models.DateField(null=True, blank=True,
verbose_name='出版日期')
    category = models.CharField(max_length=32, default='未分类',
verbose_name='书籍分类')
    create_datetime= models.DateTimeField(auto_now_add=True,
verbose_name ='添加日期')
    def __str__(self): # 定义__str__方法后，在将模型对象作为参数传递给 str()
函数时将会调用该方法返回相应的字符串
        return self.name


class Image(models.Model):
    name = models.CharField(max_length=128, verbose_name='图片名称')
    description = models.TextField(default='', verbose_name='图片
描述')
    img = models.ImageField(upload_to='image/%Y/%m/%d/', verbose_name=
```

```
'图片')  # 如上文所说，upload_to 参数指明了上传路径
    book = models.ForeignKey(Book, on_delete=models.CASCADE,
verbose_name='所属书籍')  # 一个图片属于一本书，一本书有多个图片


    def __str__(self):
        return self.name
```

通过以上步骤，就完成了这个项目模型部分的设计和实现。在这一部分代码的实现中，并没有用户部分的实现，这是因为在 Django 框架中已经为我们实现了一套基础的用户系统，在这个项目中可以直接使用 Django 自带的用户系统来完成需求，有关应该如何使用 Django 自带的用户系统来实现我们的功能，将在后面的章节中详细介绍。

5.6 数据库查询接口简介

在前几节的学习中已经了解了数据库模型的设计和实现过程，并且实现了这个项目的模型部分，那么接下来将以上一节中实现的模型为例，继续讲解 Django 中数据库的增加、删除、修改和查询的接口。

Django 框架提供了一套 shell 接口，可以在没有页面的情况下方便地进行数据库相关的增加、删除、修改和查询操作。在这一节中，通过 shell 接口来演示如何使用 Django 提供的数据库接口。并简单复习一下第 3 章中学习的查询接口。

首先要创建数据库，在编写好模型之后，只需要执行两条简单的命令，Django 的 ORM 框架就会将对模型的更改同步到数据库中。

```
python manage,py makemigrations
python manage.py migrate
```

执行完之后，就可以启动交互式的 Shell 了：

```
python manage.py shell
```

上面这条命令会启动一个标准的 Python 解释器，并加载 Django 所需的一些环境变量。随后就可以在这个解释器中进行相应的操作了。首先，导入刚编写的数据模型：

```
>>> from management.models import Book, Image
```

5.6.1　创建对象

在 Django 框架中为了能直观地将 Python 对象与数据库中的数据对应起来，使用模型类来代表数据表，用这个模型类的实例来代表数据表中的一条记录。所以，在创建一个数据表的记录时，只需要创建一个该数据模型的实例并调用其 save 方法即可。只有当执行 save 方法时才会真正执行数据库的 INSERT 操作。

```
>>> book = Book(name='深入理解计算机系统（原书第 3 版）', author=
'Randal E. Bryant', price=139.0, publish_date='2016-12-01',
category='计算机与互联网')
>>> book.save()
```

在执行完这些语句后，通过数据库查看工具，就可以看到数据库中已经添加了这样一条相应的记录，如图 5-3 所示。

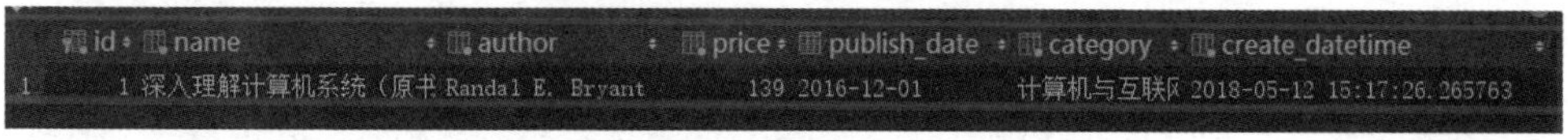

	id	name	author	price	publish_date	category	create_datetime
1	1	深入理解计算机系统（原书	Randal E. Bryant	139	2016-12-01	计算机与互联网	2018-05-12 15:17:26.265763

图 5-3　数据库中已经加入了相应的记录

可以发现，刚才在定义这个模型时没有指定一个主键字段，而 Django 如前文所述，添加了一个自动增加的 id 字段作为主键。

5.6.2　修改对象

如果需要修改一个已经存在的对象，只需修改对应的属性之后再次调用 save 方法即可。

```
>>> book.price = 111.2
>>> book.save()
```

在执行完这两个修改语句之后，可以看到如图 5-4 所示的结果，数据库中的数据已经被修改了。

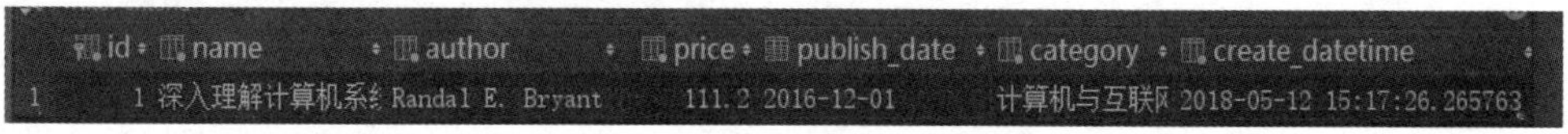

	id	name	author	price	publish_date	category	create_datetime
1	1	深入理解计算机系统	Randal E. Bryant	111.2	2016-12-01	计算机与互联网	2018-05-12 15:17:26.265763

图 5-4　price 字段已经被成功修改了

在 Django 中除了对于单个对象的修改之外，还支持对批量对象进行修改，这时只需要调用 QuerySet 对象的 update 方法即可。

```
>>> Book.objects.filter(category='计算机与互联网').update(category=
'计算机')
```

5.6.3　查找对象

在大部分应用中频繁使用的就是数据库的查找操作。Django 框架在查找方面也提供了非常丰富的接口。我们需要通过模型类上的 Manager 来构建 QuerySet 从数据库中取回所需的对象。

QuerySet 对象代表着数据库中的一些记录的集合，接受任意多个筛选条件，最后会根据查询参数生成一个 SQL 的 SELECT 语句并执行。

Django 会把查询结果以 QuerySet 对象的形式返回。每个模型类都有一个叫作 objects 的默认 Manager，Model.objects 是 models.Manager 的实例，这个实例的大部分方法都是返回一个 QuerySet 对象。也可以根据需要自定义 Manager 类。

例如，如果希望取回一个模型下的所有对象，就可以通过 Manager 的 all 方法取回。

```
>>>book_set = Book.objects.all()
```

如果希望按照一定的条件筛选出想要的部分记录，那么 Django 也提供了相应的查询接口，可以调用 filter 方法或者 exclude 方法。filter 将会返回一个新的 QuerySet 对象，即符合给定查询条件的记录；而 exclude 正好相反，返回一个新的 QuerySet 对象是排除了指定查询条件后的记录。

```
>>> book_set = Book.objects.filter(category='计算机与互联网')
```

在 Django 中 QuerySet 的返回值仍然是一个 QuerySet 对象，所以可以进行链式查询。

```
>>>book_set = Book.objects.filter(category='计算机与互联网').
filter(publish_date__year=2016)
```

在这样的使用情况下，得到的总是一个 QuerySet 对象。如果想获得单个元素，可以调用 get 方法。

```
>>>book = Book.objects.get(pk=1)
```

需要注意的是，调用 get 接口取回元素时，如果满足条件的元素不是唯一或者不存在，均会抛出异常。

在进行查询的时候，可以通过数组切片的语法对 QuerySet 对象进行一定的限制来取回所需的个数。这样的语法在数据库中对应为 LIMIT 和 OFFSET 限定词。

另外，查询时不支持负数索引。

```
>>>book_set = Book.objects.filter(publish_date__year=2016)[:10]
```

在传递查询参数时，有两种可选的办法：第一种是刚才使用的"字段名=值"的方式，另一种是"字段名__查询方式=值"的方式。比如上述查询语句中的 publish_date__year=2016 就是使用了后者。可选的查询方式还有很多，比如 exact 为精确匹配；iexact 为无视字母大小写的精确匹配；contains 为包含；还有 startswith，endswith 等。

5.6.4　删除对象

在有些业务场景下，可能需要删除一些数据库的记录，Django 同样提供了方便简洁的删除接口。我们可以直接对模型类的实例调用它的 delete 方法来执行删除操作，也可以对一个 QuerySet 调用 delete 方法来进行批量删除的操作。

```
>>>book = Book.objects.get(pk=1)
>>>book.delete()

>>>Book.objects.filter(publish_date__year=2016).delete()
```

以上就是 Django 框架中提供的最基本的一些增加、删除、修改和查询接口。还有一些高级的查询接口将在后面章节中再进一步介绍。

第6章　网站的入口——URL 设计

本章将继续以图书管理系统为例子，介绍 Django 中与 URL 设置相关的一些内容。通过本章的学习，读者可以了解到在 Django 中如何设计并定义一个 URL，以及如何将 URL 与具体的视图处理函数相关联，使得用户的访问得到正确的处理。

6.1　URL 设计简介

对于一个 Web 应用来说，URL 就是这个网站的入口，通过访问不同的 URL 就可以到达不同的页面。在 Django 应用中，可以通过创建一个名为 URL 设置的 Python 模型来为 APP 设计 URL。这个 Python 模型的主要作用是用于实现 URL 地址表达式和 Python 的视图处理函数之间的映射关系，即实现了通过访问不同 URL 调用不同视图处理函数。

下面将以这个项目的 URL 设计为例，来介绍在 Django 中如何去编写 URL 设置。

按照 Django 官方给出的建议，开发者应该为每个不同的 APP 设计单独的 URL 设置文件。虽然这个网站中只有一个 APP，但是我们还是按照官方推荐的方式在 management 目录下创建一个名为 urls.py 的文件。

接下来，在网站的 URL 设置（BookManagement/urls.py）中包含这个文件。下面就是这个文件的具体内容。

```python
from django.contrib import admin
from django.urls import path, include

urlpatterns = [
    path('admin/', admin.site.urls),
    path('', include('management.urls'))          # 将 management 应用
的 URL 设置包含到项目的 URL 设置中
    ]
```

以上代码将 management 应用的 URL 设置包含到了这个范例项目中。关于 management 应用相关的 URL 设置，都将编写在 management/urls.py 文件中。

```python
from django.urls import path
from management import views

urlpatterns = [
    path('', views.index, name='homepage'),
    path('sign_up/', views.sign_up, name='sign_up'),
    path('login/', views.login, name='login'),
    path('logout/', views.logout, name='logout'),
    path('change_password/', views.change_password, name='change_
password'),
    path('add_book/', views.add_book, name='add_book'),
    path('add_img/', views.add_img, name='add_img'),
    path('book_list/<str:category>/', views.book_list, name=
'book_ list'),
    ]
```

在这个文件中，可以看到，Django 的 URL 设置都是写在 urlpatterns 中的一些表项，每个表项都是一个 path 函数的返回值：path 函数接收的第一个参数是一个模式字符串；第二个参数是一个视图处理函数，代表着具体的处理逻辑；第三个参数 name，是一个可选参数，用来指明这个 URL 设置的名称，在代码中可以使用这个名称来生成对应的 URL，可用于视图处理函数的跳转或者模板文件中的 URL 链接。

从上面的代码中，可以看到有些模式字符串的一部分是被尖括号括起来的，这一部分叫作路径转换，可以将 URL 的一部分作为视图处理函数的一个参数，从 URL 中取回。以最后一个模式字符串为例，book_detail/<int:book_id>/ ，这个模式字符串的后半部分将会匹配一个整数类型的值，并将这个值以 book_id 的参数名称传递给视图处理函数。注意，在同一个模式字符串中可以有多个路径转换。

来看一个例子，如果一个请求为 "/book_detail/1001/"，那么将会匹配到最后一个模式字符串，并且调用指定的视图处理函数 views.book_detail(request, book_id=1001)。

Django 提供了一些默认的地址转换，可以在模式字符串中以<类型:变量名称>的方式直接使用，这些已经覆盖了日常的大部分使用场景。当然，也可以自定义地址转换。Django 官方提供了如下几种常用的地址转换：

● **str 类型**：匹配非空字符串，不包括路径分隔符 "/"。

- int **类型**：匹配非负数，返回类型为一个整数类型。
- slug **类型**：匹配符合缩写规则的字符串，字符串仅包含 ASCII 字符、数字、连字符和下画线。
- uuid **类型**：匹配 UUID 格式。要求必须包含连字符且使用小写字母。返回一个 UUID 实例。
- path **类型**：匹配一个非空字符串，包括路径分隔符 "/"。

在 Django 项目中，为了应对更为复杂的 URL 编写情况，Django 框架还提供了另一种编写 URL 设置的方式，就是使用正则表达式。

在 Django 2.0 版本之前一直都是使用正则表达式的方式编写 URL 设置，接下来简单介绍这种方式。

与上文中 path 类似，使用正则表达式的 URL 设置需要将 path 函数改为 re_path 函数，第一个参数的模式字符串改为所需匹配的正则表达式即可。

以上文中最后一个 URL 设置为例，将其改写为等效的正则表达式形式则为：

```
re_path(r'^book_detail/(?P<book_id>[0-9]+)/$', views.book_detail,
name= 'book_detail')
```

6.2 URL 反转简介

对于 URL 设置，常用的使用方式是通过用户输入的地址来寻找相对应的视图处理函数，但是在使用 Django 框架时还有另一种常见的情况，就是需要生成一个完整的 URL 链接。例如，在一些页面上需要向用户展示某个页面的 URL，或者在服务器端需要生成一些跳转的响应。

对于这些使用场景，容易想到的处理方式就是使用硬编码的方式将这个 URL 直接编写在代码中。不过，这显然不是明智的办法，因为会使得代码的可维护性下降。另外，在一些特殊的场景下也会造成非常大的工作量。例如，要生成一个特定的文章列表，在这种情况下，用编码编写每一个 URL 会使得工作量变得无比巨大。

为了应对这类情况，Django 提供了一种反转 URL 机制可用于生成完整的 URL 地址，在之前设计 URL 时提到过这种机制。我们需要为每一个 URL 设置添加一个可选的 name 参数。

还是以 6.1 节中的那个项目的 URL 设计为例，简单介绍一下在上述两种应用情景下应该如何使用 URL 反转。

首先说说在模板文件中的使用方式。比如有一个图书列表，需要给用户提供超链接，那么在模板文件中可以使用 url 标签来实现这个需求的设计。

```
<ul>
{% for book in book_set %}
<li><a href="{% url 'book_detail' book.id %}">{{ book. name }}
</a></li>
{% endfor %}
</ul>
```

在模板被展示时，会将{% url 'book_detail' book.id %}替换为/book_detail/1001/
的形式，后面的数字为书籍的 id。

如果要在视图处理函数中使用 URL 反转，只需要使用 reverse 函数即可。还
是上面的例子，可以编写成：

```
url = reverse('book_detail', args=(book.id,))
```

以上就是关于 URL 反转的一些简单介绍。

第 7 章　页面和功能的实现

本章将和大家一起来逐步完成图书管理系统这个项目。首先介绍页面主体部分的搭建，包括整个网页模板的框架和前端部分；其次介绍一下 Django 的用户和鉴权系统，然后通过 Django 的用户系统完成注册和登录页面；最后将会具体介绍图书和书籍图片的各种页面和功能的实现。最终完成这个简单的项目。

7.1　基本页面的实现

本节将实现这个项目页面的基本框架。首先编写第一个页面，也是这个项目的主页（也称为首页），实现的效果图如图 7-1 所示。因为本书不是一本介绍前端开发的书，所以希望在这个图书管理系统项目中前端的实现尽可能简单，于是就选择了非常方便的 BootStrap3 前端框架。

图 7-1　实现的效果图

在 Django 中想要实现一个页面，有两个部分需要完成：首先是一个模板文件，也就是 HTML 文件，它是页面的整体结构；另一个是 views.py 文件，在其中完成对应的视图处理函数。

首先在项目的目录下创建 templates 文件夹，再到 templates 文件夹中为 management 应用创建一个名为 management 的子目录。

　　然后在 management 文件夹中创建一个名为 index.html 的文件，把它作为主页的模板文件。在模板文件中输入如下代码：

```
{% load staticfiles %}
<!DOCTYPE html>
<html lang="zh-cn">
<head>
    <meta charset="utf-8">
    <meta http-equiv="X-UA-Compatible" content="IE=edge">
    <meta name="viewport" content="width=device-width, initial-
scale=1">
    <title>主页</title>
    <link rel="stylesheet" type="text/css" href="{% static 'css/
bootstrap.min.css' %}">
    <link rel="stylesheet" type="text/css" href="{% static 'css/
base.css' %}">
    <script type="text/javascript" src="{% static 'js/jquery.min.
js' %}"></script>
    <script type="text/javascript" src="{% static 'js/bootstrap.
min.js' %}"></script>
    <!--[if lt IE 9]>
        <script src="http://cdn.bootcss.com/html5shiv/3.7.2/
html5shiv.min.js"></script>
        <script src="http://cdn.bootcss.com/respond.js/1.4.2/
respond.min.js"></script>
    <![endif]-->
</head>
<body>
<!--Here is the navbar-->
<nav class="navbar navbar-inverse navbar-fixed-top" role=
"navigation">
    <div class="container">
        <div class="navbar-header">
            <button type="button" class="navbar-toggle collapsed"
data-toggle="collapse"
                    data-target="#navbar-collapse-basepage">
                <span class="icon-bar"></span>
                <span class="icon-bar"></span>
                <span class="icon-bar"></span>
            </button>
```

```
        <a href="{% url 'homepage' %}" class="navbar-brand">
Library</a>
        </div>

        <div class="collapse navbar-collapse" id="navbar-collapse-
basepage">
          <ul class="nav navbar-nav">
            <li id="homepage" class="active"><a href="{% url
'homepage' %}">主页</a></li>
          </ul>
          <ul class="nav navbar-nav navbar-right">
            <li><a href="{% url 'sign_up' %}">注册</a></li>
            <li><a href="{% url 'login' %}">登录</a></li>
          </ul>
        </div>

    </div>
  </nav>
  <!-- /nav -->
  <!-- header -->
  <header class="jumbotron subhead" id="header-base">
    <div class="container">
      <h1>图书管理系统</h1>
      <h3>  知识改变命运</h3>
    </div>
  </header>
  <!-- /.header -->
  <!-- main part -->
    <div class="container">
      <div class="row">
        <div class="col-md-8 col-md-offset-2 well">
          <h2>  欢迎使用图书管理系统</h2>
          <h2>  请注册登录后使用。</h2>
          <h3 class="text-center">Email:<span class="text-
info"> yumendy@163.com</span></h3>
        </div>
      </div>
    </div>
  <!-- /.main -->
```

```
<!-- footer -->
<footer class="footer" role="contentinfo">
    <hr>
    <div class="container">
        <p class="text-center">©All rights reserved</p>
        <h5 class="text-center"> Powered by <a href=
"http://yumendy. com/">Duan Yi</a></h5>
    </div>
</footer>
<!-- /.footer-->
</body>
</html>
```

仅仅这样还是不够的，还需要把静态文件放在指定的目录下，以便 Django 框架可以正确地找到这些静态文件。在 management 应用的目录下创建一个名为 static 的目录，并将需要的静态文件放置其中，随后即可看到如图 7-2 所示的目录结构。

图 7-2　目录结构

为了让项目更加美观，在 management/static/css 目录下创建一个名为 base.css 的文件，用来编写自己风格的样式。

99

```
body {
    padding-top: 50px;
    background-color: #eeeeee;
}

#header-base {
    background-color: #000;
    color: #fff;
}

#base_name {
    color: #fff;
    font-weight: bold;
}
```

说到这里，需要简单地介绍一下有关静态文件的部分。和其他框架一样，Django 框架在实际生产环境中是不处理静态文件这部分的。一般而言，静态文件都会交给 HTTP 服务器去处理，比如 Apache 或者 Nginx，这样可以更加高效和灵活。但是，在开发调试过程中，若是再配置一套 HTTP 服务器环境，则会比较笨重。Django 框架在开发场景下提供了一个精简的开发测试用的 HTTP 服务器，可以用它来对项目进行测试。

在 Django 模板中使用静态文件，只需要简单的几步。首先在需要使用静态文件的模板页的首行插入{% load staticfiles %}语句，用于告诉 Django 的模板引擎，需要在这个文件中载入静态文件。后续在需要使用静态文件的地方使用 static 标签加上文件对应该应用的静态目录的相对路径即可。例如在上文中，management 的静态文件 base.css 是放置在 management/static/css/base.css 路径下，那么在模板中引用这个文件的地址部分就可以写成{% static 'css/base.css' %}形式，经过模板引擎的渲染（即呈现或展现）之后，这个标签将变成在 settings.py 文件中设置的 STATIC_URL 加上相对地址的形式，这个设置项默认是/static/，所以最后这个地址将会变为/static/css/base.css。

这样的设置规定了静态文件统一的 URL，在部署项目的时候可以方便地将静态文件交给 HTTP 服务器统一管理。但是在开发的过程中，只需要进行一个简单的设置，就可以使用 Django 本身来对这些静态文件提供支持了。

只需要在项目的 URL 设置中（BookManagement/urls.py）添加关于静态文件的部分即可，将改成如下的代码：

```
from django.contrib import admin
from django.urls import path, include
```

```
from django.contrib.staticfiles.urls import staticfiles_urlpatterns

urlpatterns = [
    path('admin/', admin.site.urls),
    path('', include('management.urls'))
]

urlpatterns += staticfiles_urlpatterns()
```

需要注意的是，这里关于静态文件的 URL 设置仅仅当 settings.py 中的 DEBUG 选项设置为 True 时才会生效。

到了这一步还是没有办法看到设计好的页面。之前在设计 URL 的时候为主页规划了一个空路径，即直接输入地址就可以访问到主页了。但是，Django 框架是怎么把一个个具体的页面模板和相对应的 URL 地址关联起来的呢？

答案是通过视图处理函数。每当用户访问网站并且输入了一个 URL 之后，URL 设置会把请求封装为一个 Request 对象，并把它传递给相对应的视图处理函数，然后再由视图处理函数来返回适当的响应。对于主页来说，这里没有什么太多需要处理的逻辑，只要返回相应的模板页面即可。

于是，我们可以在 management/views.py 文件中实现相应的视图处理函数。

```
def index(request):
    return render(request, 'management/index.html')
```

这里使用 render 函数生成对应的 HTTP 响应，并且返回给前端页面。这时，就可以通过 python manage.py runserver 命令来启动开发服务器，并且通过浏览器访问到主页了。

读到这里，其实很多做过网页的朋友一定会有疑问了：在使用 Django 框架时，应该如何处理页面中相同内容的部分呢？比如网页的头部信息、网页的导航栏、页脚等，总不会是简单的使用复制/粘贴吧？这样的可维护性也太差了吧。还有就是对于页面中的可能变化的部分，或者由后端产生的数据，应该如何让它呈现（即渲染）在前端的页面中呢？

在下一节中将简单介绍一下 Django 的模板系统，就可以解答上面这两个问题了。

7.2　Django 模板语言简介

本节简单学习一下 Django 模板系统的语法规则。在 Django 系统中，默认使用的是 Django 模板系统，但是 Django 框架也同样支持其他的模板引擎，比如 Jinja2 等。Django 默认的模板系统在易用性和功能上相对较为平衡。

在 Django 框架中，所谓的模板其实就是一个可以用于生成各类文本类型数据的文本文件，简而言之，就是生成各种文本文件的模板，这里的文本文件不仅仅包含在网页中常用的 HTML 文件和 XML 文件，也包含可以用于生成 CSV 文件甚至是复杂的 SQL 语句。

模板与普通的文本文件有两个不一样的地方，模板包含变量，在模板呈现到网页时可以被替换为相应的值。模板还有控制模板逻辑的部分，叫作标签。

变量在模板中用双花括号表示，类似于{{ variable }}这种形式。在模板引擎呈现（即渲染）模板时会把这里的变量名，根据视图处理函数传递的上下文，将变量替换为相应的值。这里的变量名可以是字母和下画线标识，而点号用于访问变量属性或方法（访问方法时不加括号）。

在一个模板中使用变量时，经常会改变一些变量的显示方式，比如规定数字显示的小数位数，对于过长的内容只显示前 n 个字符，或者后面的部分显示为省略号等。在这种情况下无需特意在视图处理函数中改变字符的表现形式，Django 框架提供了过滤器（或称为筛选器）来处理这类问题。过滤器在模板中的使用方式为，在变量后面用竖线分割并跟上过滤器的名称即可，例如希望将一个变量 text 中的内容全部以小写字母的形式输出，那么写成{{ text | lower }}即可。在 Django 中有很多内置的过滤器可以使用，我们也可以根据需要实现自己的过滤器。

介绍完模型的变量，再简单聊一聊模型中的标签部分。标签在 Django 模板系统中的形式为{% tag %}，有些标签分为起始标签和结束标签，形式如下：

```
{% tag %} 标签内容 {% endtag %}
```

标签的作用比变量的作用要复杂得多，多用于生成文本或者控制一些页面渲染逻辑，也有些标签用于向模板中拓展一些其他内容。

在模板系统中，经常使用的两个标签是：用于控制分支结构的 if 标签和用于控制循环结构的 for 标签。这两个标签的简单例子如下：

```
<ul>
{% for book in book_list %}
    <li>{{ book.name }}</li>
{% endfor %}
</ul>

{% if user %}
    <p>{{ user.username }}</p>
```

```
{% endif %}
```

除了这两个用于控制执行逻辑的标签之外，Django 还提供了一些标签用于模板的继承，所谓模板的继承和面向对象的程序设计语言中的继承概念有些相似。在继承一个模板时，可以在新的模板中改写被继承模板的部分内容，而保持其他内容一致。继承极大地简化了模板的编写，同时也提高了项目的可维护性。

在 Django 中可以使用 block 和 extends 两个标签来实现继承功能。在模板中通过 block 标签包裹继承中需要替换的部分，并为其命名。在子模板中使用 extends 标签指明需要继承的基模板（即父模板），并且使用 block 标签包裹用于替换模板中相应部分的内容（即重写 block 包裹的部分），从而实现模板的继承功能。类似的标签还有 include 标签等。

至此，读者对于上一节中留下的两个小问题应该已经有了自己的解答。我们可以使用模板继承来简化模板，使得模板中的代码更易于维护。

接下来把原来的 index.html 文件拆分为两个文件，将页面的内容部分保留在 index 文件中，而将文件头和网页的导航、标题页脚等内容全部提取出来作为一个基本页面框架。

除此之外，还有两处需要优化的地方，一处是网页的标题，应该随着页面的不同而不同，所以需要将 title 标签中的内容作为一个 block，在不同的模板中更改它的页面标题。还有一处就是导航栏高亮显示，需要给当前页面的导航栏对应的 class 添加一个 active 属性。这个工作可以在前端通过 js 获取页面路径来完成。既然本书是介绍 Django 的，那么就从 Django 的角度来考虑有没有办法实现这个功能。其实也非常简单，只需给不同的导航项指定不同的 id，然后在呈现（即渲染）页面时，将 id 传递到一条用于给指定 id 对象添加 active 属性的 js 语句中即可。

接下来给出修改后的代码实现。首先把页面的基本部分拆分出来放在 templates/management/base.html 文件中。

```
{% load staticfiles %}
<!DOCTYPE html>
<html lang="zh-cn">
<head>
    <meta charset="utf-8">
    <meta http-equiv="X-UA-Compatible" content="IE=edge">
    <meta name="viewport" content="width=device-width, initial-
scale=1">
    <title>{% block title %}{% endblock %}</title>
    <link rel="stylesheet" type="text/css" href="{% static 'css/
```

```
bootstrap.min.css' %}">
      <link rel="stylesheet" type="text/css" href="{% static
'css/base.css' %}">
      <script type="text/javascript" src="{% static 'js/jquery.
min.js' %}"></script>
      <script type="text/javascript" src="{% static 'js/bootstrap.
min.js' %}"></script>
      <!--[if lt IE 9]>
        <script src="http://cdn.bootcss.com/html5shiv/3.7.2/
html5shiv.min.js"></script>
        <script src="http://cdn.bootcss.com/respond.js/1.4.2/
respond.min.js"></script>
      <![endif]-->
   </head>
   <body>
   <!--Here is the navbar-->
   <nav class="navbar navbar-inverse navbar-fixed-top" role=
"navigation">
      <div class="container">
        <div class="navbar-header">
           <button type="button" class="navbar-toggle collapsed"
data-toggle="collapse"
                 data-target="#navbar-collapse-basepage">
             <span class="icon-bar"></span>
             <span class="icon-bar"></span>
             <span class="icon-bar"></span>
           </button>
           <a href="{% url 'homepage' %}" class="navbar-brand">
Library</a>
        </div>

        <div class="collapse navbar-collapse" id="navbar-collapse-
basepage">
           <ul class="nav navbar-nav">
             <li id="homepage"><a href="{% url 'homepage' %}">主页
</a></li>
           </ul>
           <ul class="nav navbar-nav navbar-right">
             <li><a href="{% url 'sign_up' %}">注册</a></li>
             <li><a href="{% url 'login' %}">登录</a></li>
```

```
                    </ul>
                </div>

            </div>
        </nav>
        <!-- /nav -->
        <!-- header -->
        <header class="jumbotron subhead" id="header-base">
            <div class="container">
                <h1>图书管理系统</h1>
                <h3>  知识改变命运</h3>
            </div>
        </header>
        <!-- /.header -->
        <!-- main part -->
        {% block content %}{% endblock %}
        <!-- /.main -->

        <!-- footer -->
        <footer class="footer" role="contentinfo">
            <hr>
            <div class="container">
                <p class="text-center">©All rights reserved</p>
                <h5 class="text-center"> Powered by <a href=
"http://yumendy. com/">Duan Yi</a></h5>
            </div>
        </footer>
        <!-- /.footer-->
        <script type="text/javascript">
            $('#{{active_menu}}').addClass("active");
        </script>
        </body>
        </html>
```

将用于实现主页部分的内容放在 templates/management/index.html 文件中。

```
{% extends "management/base.html" %}
{% block title %}图书管理{% endblock %}


{% block content %}
```

```
<div class="container">
    <div class="row">
        <div class="col-md-8 col-md-offset-2 well">
            <h2>  欢迎使用图书管理系统</h2>
            <h2>  请注册登录后使用。</h2>
            <h3 class="text-center">Email:<span class="text-
info"> yumendy@163.com</span></h3>
        </div>
    </div>
</div>

{% endblock %}
```

同时，还需要修改一下 management 的视图处理函数 views.py，为模板呈现（即渲染）增加上下文信息，也就是在本节前文中提到的，需要给上下文提供当前导航栏 HTML 标签的 id。只需给 render 函数提供第三个可选参数，内容为字典类型的参数，字典中的"键-值对"为所需要呈现到页面的变量名称和相对应的值。

```
def index(request):
    context = {'active_menu': 'homepage'}
    return render(request, 'management/index.html', context)
```

7.3 Django 用户认证和鉴权简介

正如前文所述，Django 框架提供了一套用户身份认证系统。它可以用于处理用户账户、用户组、用户权限和基于 Cookie 的用户会话等相关问题。简而言之，Django 的用户系统用于解决了两个问题：认证和鉴权。认证是用户登录许可，解决"你是谁"的问题，而鉴权是解决"你有权限做什么"的问题。

要了解 Django 的用户身份认证系统，需要先了解 Django 中的 User 类，在 Django 的鉴权系统中，也仅仅存在这一个 User 模型类。

接下来介绍一下 User 模型类的字段：

● username: 用户名字段，要求在 150 个字符以内，仅支持数字、字母、下画线、连字符、@、加减号和小数点。

● first_name: 名字字段，默认是一个可空的可选字段，要求在 30 个字符以内。

- last_name: 姓氏字段，默认是一个可空的可选字段，要求在 150 个字符以内。
- email: 电子邮件地址字段，默认是一个可空的可选字段。
- password: 密码字段，用于存储通过哈希计算的密码值，不存储原始密码。原始密码可以是任何字符。
- groups: 组字段，与 Group 模型类形成多对多关系，用于描述用户组信息。
- is_staff: 一个布尔字段，用于表示用户是否有权限进入 Django 的管理员站点，能够管理哪些模块内容还要看用户的具体权限。
- is_active: 一个布尔字段，设计用于表示用户是否为可用状态，为 False 时表表禁用此账号，无法登录。一般建议将此字段设置为 False 来取代删除一个用户，这样当存在关联到这个用户的外键关系时，就不会因为删除了这个用户而破坏了外键关系。很多时候数据库中的记录都会设计成逻辑删除（比如通过 is_deleted 字段来标记记录是不是被删除了），而不是物理删除。
- is_superuser: 一个布尔字段，超级管理员拥有全部的权限。
- last_login: 用于记录用户的最后登录时间。
- date_joined: 用于记录用户账号的创建时间。

接下来简单介绍一些用于系统的常用方法。

首先是创建用户功能。与一般的模型类不同，Django 的用户系统因为涉及密码管理的问题，所以不能直接通过 User 类的构造函数创建一个 User 对象并调用 save 方法来创建一个合法的用户。而需要调用 User 模型的 Manage 提供的 create_user 方法，并传入相应的参数来创建合法的用户，该方法返回一个 user 对象。与其他模型类不同的是，调用该方法后，对象就已经被保存在数据库中了，而无需再次调用 save 方法。下面是一个创建用户的例子：

```
user = User.objects.create_user('yumnendy', 'yumnendy@163.com',
'123456')
```

上面例子中传入的三个参数分别是用户名、邮箱和用户密码。

如果想创建一个 superuser（即超级用户），那么需要使用控制台来执行 createsuperuser 命令。具体命令如下：

```
$ python manage.py createsuperuser
```

如前文所述，Django 在管理用户密码时，不是直接保存原始密码的，所以当对密码进行修改时，同样也不能简单粗暴地直接去修改密码对应字段的值并保

107

存。Django 提供了修改用户密码的方法，调用 set_password 方法并保存即可完成对密码的修改，Django 将对新的密码按照一定规则计算出哈希值并把这个哈希值保存在密码字段中（注意，并不是将原始密码直接保存到数据库中，这是非常重要的，因为这样做即使数据库泄露了，别人也没法推算出原始的密码）。还有一个需要注意的事项是，一旦用户的密码被修改了，那么该用户所有的会话将被注销，并且需要重新登录系统。

```
user = User.objects.get(username='yumendy')
user.set_password('P@ssw0rd')
user.save()
```

接下来讨论一下关于认证的问题。在日常的使用中，登录网站几乎是每天都会使用到的功能。不过，平时所说的登录是由两个部分组成的，首先需要提供用户名和密码，网站对提交的用户名和密码进行认证，判断是否为一个合法的用户。如果是一个合法的用户，接下来的步骤就是将这个用户与当前的会话进行绑定，登录成功后 HTTP 响应中会有 set cookie 的操作，浏览器在每次访问时都会带上这个 cookie，Django 通过 cookie 信息能查询到对应的 session（会话）和用户信息，这样就实现了保持用户的登录状态。

在 Django 中，这两个部分是相互分开的，Django 提供了一个 authenticate 方法用于对用户进行认证。调用这个方法并传入用户名和密码，若为有效的用户，则返回一个 user 对象，否则返回 None。

在得到这个已经过认证的 user 对象后，可以调用 Django 提供的 login 函数，将这个用户与当前的会话绑定。

Django 使用中间件与 session 将 request 对象和用户认证系统联系起来。当用户登录后，Django 会为用户保存一个相应的 session，在用户访问当前站点时，中间件通过访问时携带的 cookie（通常是 session id），从数据库中会读取 session 信息，获取到对应的用户信息，并为 request 提供一个 user 属性。在用户没有登录时，该字段是一个匿名用户类的实例，登录后就是 User 对象的实例，可以通过 request.user 对相应的用户进行操作。

Django 框架同样提供了简单易行的注销方法，只需要在相应的视图处理函数中调用 logout 方法并传入当前视图处理函数的 request 对象即可。

以上介绍的是 Django 用户系统中最为基础的部分。我们将在下一节中，带领读者一起实现这个项目的用户部分，一起通过实例来对上面提到的知识进行梳理和小结。

7.4　用户系统的实现

7.4.1　用户注册功能的实现

用户注册功能，从本质上讲，简单来看有三个方面需要处理。

（1）当用户用鼠标单击注册页面时，需要返回给用户一个用于填写基本信息的表单，供用户填写相关的信息。

（2）处理用户提交到后端的表单，主要需要对数据有效性进行验证，其次是完成注册相关的逻辑，例如创建用户对象等。

（3）向用户返回注册的结果。

在这个项目中使用了简单的用户模型，在用户注册时，仅需要用户提供用户名、密码、重复密码和电子邮箱。

需要注意的是，虽然对于密码和重复密码的验证可以放在前端进行，但是前端的验证仅仅只能作为提醒用户的一种手段，它并不能取代在后端对数据进行验证的必要性。毕竟运行在用户端的 js 代码是可以被随意修改的。表单数据有效性的验证还是需要在后端经过多次确认才能保证数据的安全和完整性。

下面先实现前端的注册页面 templates/management/sign_up.html，它同样继承于 base.html。

```
{% extends "management/base.html" %}
{% block title %}注册{% endblock %}


{% block content %}


    <div class="container">
        <div class="row">
            <div class="col-md-6 col-md-offset-3 col-sm-10 col-sm-
offset-1">
                <form method="POST" role="form" class="form-
horizontal">
                    {% csrf_token %}
                    <h1 class="form-signin-heading text-center">请注
册</h1>
```

```
                <div class="form-group">
                    <label for="id_user_name" class="col-md-3
control-label">用户名：</label>
                    <div class="col-md-9">
                        <input type="text" class="form-control"
id= "id_user_name" required name="username"
                                autofocus>
                        <span class="help-block">用于登录，可以包括大
小写字母和下画线。</span>
                    </div>
                </div>

                <div class="form-group">
                    <label for="id_passwd" class="col-md-3
control-label">密码：</label>
                    <div class="col-md-9">
                        <input type="password" class="form-
control" required name="password" id="id_passwd">
                    </div>
                </div>

                <div class="form-group">
                    <label for="id_repasswd" class="col-md-3
control-label">重复密码：</label>
                    <div class="col-md-9">
                        <input type="password" class="form-
control" required name="repeat_password"
                                id="id_repasswd">
                    </div>
                </div>

                <div class="form-group">
                    <label for="id_email" class="col-md-3
control-label">电子邮件：</label>
                    <div class="col-md-9">
                        <input type="email" class="form-control"
required name="email" id="id_email">
                    </div>
                </div>
```

```
                    <div class="form-group">
                        <div class="col-md-4 col-md-offset-4">
                            <button class="btn btn btn-primary btn-
block" type="submit" id="id_submit">注册</button>
                        </div>
                    </div>

                </form>
            </div>
        </div>
    </div>

{% endblock %}
```

接下来实现后端的视图处理部分。需要先梳理一下视图处理部分的逻辑。

当用户访问注册页面时，如果用户已经登录了，出现这种情况可能是由于用户在保存网页书签时不慎把这个注册页面保存了，因为用户的注册操作往往只需要一次，所以这时有理由猜测用户实际上想访问的是网站的首页，而不是网站的注册页面。

因此，应该对已经登录的用户进行网页的跳转，让其返回首页。

对于没有登录的用户，则需要返回注册用的表单。到了这一步，可以在视图处理函数（management/views.py）中编写出如下的代码。

```
def sign_up(request):
    if request.user.is_authenticated: # 判断用户是否已经登录
        return HttpResponseRedirect(reverse('homepage'))
    context = {
        'active_menu': 'homepage',
        'user': None
    }
    return render(request, 'management/sign_up.html', context)
```

上面这个视图处理函数可以帮助处理上述流程中的部分问题。对于流程的后面两个部分应该如何处理呢？

在这里需要在同一个视图处理函数中处理用户提交上来的表单，应该怎么判断用户当前的行为是要获取表单，还是正在提交填写完的表单呢？容易想到的方式就是根据用户的不同访问方式来确定，用户获取表单通常是使用 GET 方式来访问页面，而我们在前端的表单中已经设置了 method="POST" 属性，所以用户提交表单的行为自然会以 POST 方式。在 Django 框架中，request 对象的 method 属性可以用来判断用户的访问方式。

现在可以根据用户的请求方式进行不同的处理。用户通过 POST 方式提交上来的表单，字段会以"键-值对"的形式保存在 request.POST 对象中，request.POST 类似于字典这种数据结构。在处理用户的输入数据时，可能会有很多情况，所以通常需要设置一个状态字段用来存储在处理用户输入数据时遇到的各种状态，并根据需要将状态返回给用户。给用户返回处理结果的方式有很多种，对于比较复杂的项目可能会使用 JSON 来返回状态，前端通过异步接收到 JSON 后将状态反馈给用户。对于本章这个基础的项目，先向大家介绍一种简单的方式，依然为用户返回原始页面，只是在页面中加入对状态的判断，如果状态没有变化，则不显示。

因此，可以对上述的视图处理函数进行一个简单的修改。

```python
def sign_up(request):
    if request.user.is_authenticated:
        return HttpResponseRedirect(reverse('homepage'))
    state = None
    if request.method == 'POST': # 判断用户的访问方式是 POST 还是 GET。
        password = request.POST.get('password', '')
        repeat_password = request.POST.get('repeat_password', '')
        if password == '' or repeat_password == '':
            state = 'empty' # state 用于描述我们在处理注册流程中的状态
        elif password != repeat_password:
            state = 'repeat_error'
        else:
            username = request.POST.get('username', '')
            if User.objects.filter(username=username):
                state = 'user_exist'
            else:
                new_user = User.objects.create_user(username=
username, password=password, email=request.POST.get('email', ''))
                new_user.save()
                state = 'success'
    context = {
        'active_menu': 'homepage',
        'state': state,
        'user': None
    }
    return render(request, 'management/sign_up.html', context)
```

我们将 state 字段传递到了模板引擎中，同时需要相应修改模板文件
（templates/management/sign_up.html），使其可以正确地显示这些状态。

```
{% extends "management/base.html" %}
{% block title %}注册{% endblock %}


{% block content %}


    <div class="container">
        <div class="row">
            <div class="col-md-6 col-md-offset-3 col-sm-10 col-sm-
offset-1">
                {% if state %}
                    <div class="well">
                {% endif %}
                {% if state == 'success' %} {# 此处根据状态不同，显示不
同信息。 #}
                    <h2 class="text-success text-center">注册成功!
</h2>
                {% elif state == 'repeat_error' %}
                    <h2 class="text-warning text-center">密码重复错误
</h2>
                {% elif state == 'empty' %}
                    <h2 class="text-warning text-center">密码不能为空
</h2>
                {% elif state == 'user_exist' %}
                    <h2 class="text-danger text-center">用户已经存在
</h2>
                {% endif %}
                {% if state %}
                    </div>
                {% endif %}
                <form method="POST" role="form" class="form-
horizontal">
                    {% csrf_token %}
                    <h1 class="form-signin-heading text-center">请注
册</h1>


                    <div class="form-group">
                        <label for="id_user_name" class="col-md-3
```

```
control-label">用户名：</label>
                        <div class="col-md-9">
                            <input type="text" class="form-control"
id= "id_user_name" required name="username"
                                autofocus>
                            <span class="help-block">用于登录，可以包括
大小写字母和下画线。</span>
                        </div>
                    </div>

                    <div class="form-group">
                        <label for="id_passwd" class="col-md-3
control-label">密码：</label>
                        <div class="col-md-9">
                            <input type="password" class="form-control"
required name="password" id="id_passwd">
                        </div>
                    </div>

                    <div class="form-group">
                        <label for="id_repasswd" class="col-md-3
control-label">重复密码：</label>
                        <div class="col-md-9">
                            <input type="password" class="form-control"
required name="repeat_password"
                                id="id_repasswd">
                        </div>
                    </div>

                    <div class="form-group">
                        <label for="id_email" class="col-md-3
control-label">电子邮件：</label>
                        <div class="col-md-9">
                            <input type="email" class="form-control"
required name="email" id="id_email">
                        </div>
                    </div>

                    <div class="form-group">
                        <div class="col-md-4 col-md-offset-4">
```

```
                              <button class="btn btn btn-primary btn-
block" type="submit" id="id_submit">注册</button>
                       </div>
                    </div>

                </form>
            </div>
        </div>
    </div>

{% endblock %}
```

以上部分就是有关注册的全部内容了，用户可以通过这个页面来注册成为网站的普通用户。在这个范例项目中，有别于普通用户的管理员用户，也就是可以添加图书信息的用户，为了简化设计，直接使用 Django 框架用户模型自带的 is_staff 字段进行区分，这类的管理员用户需要通过 manage.py 的命令行工具进行创建。

7.4.2　用户登录功能的实现

在上一节中，已经简单介绍了 Django 框架中用户的注册操作。在这一节中将带领读者一起实现登录相关的页面。

与上一节的注册页面类似，用户的登录也分为这样三个流程：用户获取登录表单、处理用户提交的登录表单以及向用户反馈登录结果。在登录逻辑中，对于登录成功的用户，可以让其直接跳转到网页主页，而无需返回登录成功的信息。

首先需要实现登录用的页面 templates/management/login.html。

```
{% extends "management/base.html" %}
{% block title %}登录{% endblock %}

{% block content %}

    <div class="container">
      <div class="row">
          <div class="col-md-6 col-md-offset-3 col-sm-10 col-sm-
offset-1">
              {% if state == 'not_exist_or_password_error' %}
                <div class="well">
```

```
                    <h2 class="text-danger text-center">用户不存在
或密码错误</h2>
                </div>
            {% endif %}
            <form method="POST" role="form" class="form-
horizontal">
                {% csrf_token %}
                <h1 class="form-signin-heading text-center">请登
录</h1>

                <div class="form-group">
                    <label for="id_user_name" class="col-md-3
control-label">用户名: </label>
                    <div class="col-md-9">
                        <input type="text" class="form-control"
id= "id_user_name" required name="username"
                            autofocus>
                    </div>
                </div>

                <div class="form-group">
                    <label for="id_password" class="col-md-3
control-label">密码: </label>
                    <div class="col-md-9">
                        <input type="password" class="form-
control" required name="password" id="id_password">
                    </div>
                </div>
                <div class="form-group">
                    <div class="col-md-4 col-md-offset-4">
                        <button class="btn btn btn-primary btn-
block" type="submit">登录</button>
                    </div>
                </div>
            </form>
        </div>
    </div>
</div>

{% endblock %}
```

接下来实现登录的视图处理函数 management/views.py。

```
def login(request):
    if request.user.is_authenticated:
        return HttpResponseRedirect(reverse('homepage'))
    state = None
    if request.method == 'POST':
        username = request.POST.get('username', '')
        password = request.POST.get('password', '')
        user = auth.authenticate(username=username, password=
password)
        if user is not None:
            auth.login(request, user)
            return HttpResponseRedirect(reverse('homepage'))
        else:
            state = 'not_exist_or_password_error'
    context = {
        'active_menu': 'homepage',
        'state': state,
        'user': None
    }
    return render(request, 'management/login.html', context)
```

在这个视图处理函数中，实际应用了在 7.4 节中介绍的登录方式，首先通过 authenticate 函数进行认证，认证成功的话使用 login 函数进行登录。对于登录成功的用户，直接将网站首页返回给用户，否则将与注册页面一样，直接向用户反馈登录失败的原因。

7.4.3　用户注销功能的实现

相比较于注册和登录，注销功能不需要一个具体的可见页面，用户只需要回到指定的网页（由 URL 指定）。因此，要实现一个与之对应的视图处理函数，调用这个视图函数以实现退出当前的登录状态。

代码的实现也非常简单，调用 Django 自带的 logout 函数，Django 框架即可完成全部的注销工作，我们需要的是处理注销后的流程，通常都是跳转到指定的页面。在这个范例项目中，用户注销操作之后跳转到网站的首页。以下是视图处理函数的实现 management/views.py。

```
def logout(request):
```

```
        auth.logout(request)                    # 执行注销操作
        return HttpResponseRedirect(reverse('homepage'))# 跳转回网站的首页
```

7.4.4 修改密码功能的实现

在这一节中，我们一起来实现修改密码的相关功能。

与其他功能类似，同样需要为用户提供一个修改密码的表单，而且这个功能也仅针对已经登录了的用户。

首先实现修改密码的前端页面 templates/management/change_password.html。

```
{% extends "management/base.html" %}
{% block title %}修改密码{% endblock %}

{% block content %}

    <div class="container">
        <div class="row">
            <div class="col-md-6 col-md-offset-3 col-sm-10 col-sm-
offset-1">
                {% if state == 'password_error' %}
                    <div class="well">
                        <h2 class="text-danger text-center">密码错误
</h2>
                    </div>
                {% elif state == 'repeat_error' %}
                    <div class="well">
                        <h2 class="text-warning text-center">密码重复
错误</h2>
                    </div>
                {% elif state == 'empty' %}
                    <div class="well">
                        <h2 class="text-warning text-center">密码不能
为空</h2>
                    </div>
                {% elif state == 'success' %}
                    <div class="well">
                        <h2 class="text-success text-center">修改成功
</h2>
                    </div>
                {% endif %}
```

```
                    <form method="POST" role="form" class="form-
horizontal">
                        {% csrf_token %}
                        <h1 class="form-signin-heading text-center">修改
密码</h1>
                        <div class="form-group">
                            <label for="id_old" class="col-md-3 control-
label">原始密码：</label>
                            <div class="col-md-9">
                                <input type="password" class="form-
control" required name="old_password" id="id_old">
                            </div>
                        </div>
                        <div class="form-group">
                            <label for="id_new" class="col-md-3 control-
label">新密码：</label>
                            <div class="col-md-9">
                                <input type="password" class="form-control"
required name="new_password" id="id_new">
                            </div>
                        </div>
                        <div class="form-group">
                            <label for="id_new_re" class="col-md-3
control-label">重复密码：</label>
                            <div class="col-md-9">
                                <input type="password" class="form-control"
required name="repeat_password" id="id_new_re">
                            </div>
                        </div>
                        <div class="form-group">
                            <div class="col-md-4 col-md-offset-4">
                                <button class="btn btn btn-primary btn-
block" type="submit">提交</button>
                            </div>
                        </div>
                    </form>
                </div>
            </div>
        </div>
```

```
{% endblock %}
```

接下来是相关的视图处理函数。在开始编写处理函数之前，肯定有读者会想到这样一个问题，在后面的页面中好像也会要求用户必须是已经登录的用户才能进行相关的操作。这样一来是不是需要给每个需要用户登录的视图处理函数都添加上对用户登录状态的判断？这样在代码上是不是有很多的冗余。

的确如此，Django 框架在设计时也考虑到了这一点，因此提供了一些十分方便的工具来处理该部分的程序逻辑，使得开发者不需要再实现类似的逻辑。

Django 框架在 django.contrib.auth.decorators 包中提供了一个名为 login_required 的装饰器。这个装饰器的作用非常简单，就是在执行自己的视图处理函数之前先判断用户是否为一个登录用户，若未登录则跳转至登录页面。开发者需要在设置文件中指定登录页面的 URL 即可。

在 BookManagement/settings.py 文件中加入登录 URL 的设置：

```
LOGIN_URL = '/login/'
```

接下来，就可以用 login_required 装饰器来装饰视图处理函数了。

需要注意的是，这个装饰器在访问登录页面时，会将用户原先访问的 URL 以一个名为 next 的参数通过 GET 方式传递给用于处理登录逻辑的视图处理函数，那么在登录成功时，就可以通过这个参数来获取用户想访问的页面，然后跳转到该页面即可。

因此，可以修改一下登录用的视图处理函数 management/views.py。在 Django 框架中，获取 GET 参数（Query String）的方式与前面获取 POST 内容的方式类似。

```
def login(request):
    if request.user.is_authenticated:
        return HttpResponseRedirect(reverse('homepage'))
    state = None
    if request.method == 'POST':
        username = request.POST.get('username', '')
        password = request.POST.get('password', '')
        user = auth.authenticate(username=username, password=
password)
        if user is not None:
            auth.login(request, user)
            target_url = request.GET.get('next', reverse('homepage'))
# 获取 GET 方式传递过来的 next 参数。
            return HttpResponseRedirect(target_url)# 跳转到指定的页面
```

```
        else:
            state = 'not_exist_or_password_error'
    context = {
        'active_menu': 'homepage',
        'state': state,
        'user': None
    }
    return render(request, 'management/login.html', context)
```

接下来，实现修改密码视图处理函数 management/views.py。

```
@login_required
def change_password(request):
    user = request.user
    state = None
    if request.method == 'POST':
        old_password = request.POST.get('old_password', '')
        new_password = request.POST.get('new_password', '')
        repeat_password = request.POST.get('repeat_password', '')
        if user.check_password(old_password):
            if not new_password:
                state = 'empty'
            elif new_password != repeat_password:
                state = 'repeat_error'
            else:
                user.set_password(new_password)
                user.save()
                state = 'success'
        else:
            state = 'password_error'
    content = {
        'user': user,
        'active_menu': 'homepage',
        'state': state,
    }
    return render(request, 'management/change_password.html', content)
```

在实现了修改密码的功能部分后，用户系统相关的功能就基本实现完成了。这里其实还需要额外解决之前遗留的一个小问题，就是针对不同的用户，在导航栏上如何展示不同的菜单栏呢（或功能选项）？对于已经登录的用户和未登录的用户，需要显示的链接也是不同的。对于未登录的用户，希望他看到的是注册和登录链接，而对已登录的用户，需要显示的是当前登录的用户身份和注销链接。因此，需要对导航栏进行一个小小的修改，即修改文件 templates/management/base.html。

```
{% load staticfiles %}
<!DOCTYPE html>
<html lang="zh-cn">
<head>
    <meta charset="utf-8">
    <meta http-equiv="X-UA-Compatible" content="IE=edge">
    <meta name="viewport" content="width=device-width, initial-
scale=1">
    <title>{% block title %}{% endblock %}</title>
    <link rel="stylesheet" type="text/css" href="{% static 'css/
bootstrap.min.css' %}">
    <link rel="stylesheet" type="text/css" href="{% static 'css/
base.css' %}">
    <script type="text/javascript" src="{% static 'js/jquery.min.
js' %}"> </script>
    <script type="text/javascript" src="{% static 'js/bootstrap.
min.js' %}"> </script>
    <!--[if lt IE 9]>
        <script src="http://cdn.bootcss.com/html5shiv/3.7.2/
html5shiv.min. js"></script>
        <script src="http://cdn.bootcss.com/respond.js/1.4.2/
respond.min. js"></script>
    <![endif]-->
</head>
<body>
<!--Here is the navbar-->
<nav class="navbar navbar-inverse navbar-fixed-top" role=
"navigation">
    <div class="container">
        <div class="navbar-header">
            <button type="button" class="navbar-toggle collapsed"
data-toggle="collapse"
                    data-target="#navbar-collapse-basepage">
                <span class="icon-bar"></span>
                <span class="icon-bar"></span>
                <span class="icon-bar"></span>
            </button>
```

```
            <a href="{% url 'homepage' %}" class="navbar-brand">
Library</a>
        </div>

        <div class="collapse navbar-collapse" id="navbar-collapse-
basepage">
            <ul class="nav navbar-nav">
                <li id="homepage"><a href="{% url 'homepage' %}">主页
</a></li>
                {% if user %}
                    {% if user.is_staff %}
                        <li id="add_book"><a href="{% url 'add_book'
%}">添加图书</a></li>
                        <li id="add_img"><a href="{% url 'add_img'
%}">添加图片</a></li>
                    {% endif %}
                    <li id="view_book"><a href="{% url 'book_list'
'all' %}">查看图书</a></li>
                {% endif %}
            </ul>
            <ul class="nav navbar-nav navbar-right">
                {% if user %}
                    <li><p class="navbar-text">欢迎你  
<span id= "base_name">{{ user.username }}</span></p>{# 对于已经登录的
用户，显示用户名。 #}
                    </li>
                    <li><a href="{% url 'logout' %}">注销</a></li>
                    <li><a href="{% url 'change_password' %}">修改密
码</a> </li>
                {% else %}
                    <li><a href="{% url 'sign_up' %}">注册</a></li>
                    <li><a href="{% url 'login' %}">登录</a></li>
                {% endif %}
            </ul>
        </div>

    </div>
  </nav>
  <!-- /nav -->
  <!-- header -->
```

```
<header class="jumbotron subhead" id="header-base">
    <div class="container">
        <h1>图书管理系统</h1>
        <h3>  知识改变命运</h3>
    </div>
</header>
<!-- /.header -->
<!-- main part -->
{% block content %}{% endblock %}
<!-- /.main -->

<!-- footer -->
<footer class="footer" role="contentinfo">
    <hr>
    <div class="container">
        <p class="text-center">©All rights reserved</p>
        <h5 class="text-center"> Powered by <a href=
"http://yumendy. com/">Duan Yi</a></h5>
    </div>
</footer>
<!-- /.footer-->
<script type="text/javascript">
    $('#{{active_menu}}').addClass("active");
</script>
</body>
</html>
```

7.5　图书管理相关功能的实现

7.5.1　图书添加功能的实现

在后续的章节中，将带领读者一起实现这个范例系统中图书管理相关的一些功能。

首先简单介绍一下图书的添加功能。有了之前实现注册用户功能的经验，我们可以发现，对于一个 Django 应用来说，添加一个对象的操作流程相对是比较固定的。其实添加图书管理功能的步骤与之前注册用户相关的功能的步骤没有太多的不同，只有很小部分的一些差别。

　　下面来梳理一下流程，在最初对产品的设计中，只有管理员权限的用户才能在系统中添加图书的信息。仅仅在导航栏中对普通用户隐藏这个功能是远远不够的，在后端也需要进行相应的权限判断。若用户没有登录，则跳转到登录界面；若已经登录且没有添加图书信息的这个权限，则跳转回网站的主页。如果通过判断具有这个权限，则直接返回添加图书用的表单，后续的操作与注册用户类似，生成相应的书籍对象并且调用 save 方法就可以保存图书信息了。

　　实现添加图书的前端页面的文件为 templates/management/add_book.html：

```html
{% extends "management/base.html" %}
{% block title %}添加图书{% endblock %}

{% block content %}

    <div class="container">
        <div class="row">
            <div class="col-md-6 col-md-offset-3 col-sm-10 col-sm-
offset-1">
                {% if state == 'success' %}
                <div class="well">
                    <h2 class="text-success text-center">添加成功
</h2>
                </div>
                {% endif %}
                <form method="POST" role="form" class="form-
horizontal">
                    {% csrf_token %}
                    <h1 class="form-signin-heading text-center">添加
图书</h1>

                    <div class="form-group">
                        <label for="id_name" class="col-md-3 control-
label">书名：</label>
                        <div class="col-md-9">
                            <input type="text" class="form-control"
id="id_name" required name="name" autofocus>
                        </div>
                    </div>

                    <div class="form-group">
                        <label for="id_author" class="col-md-3
```

```
control-label">作者: </label>
                        <div class="col-md-9">
                            <input type="text" class="form-control"
required name="author" id="id_author">
                        </div>
                    </div>

                    <div class="form-group">
                        <label for="id_category" class="col-md-3
control-label">类型: </label>
                        <div class="col-md-9">
                            <input type="text" class="form-control"
required name="category" id="id_category">
                        </div>
                    </div>

                    <div class="form-group">
                        <label for="id_price" class="col-md-3
control-label">价格: </label>
                        <div class="col-md-9">
                            <input type="text" class="form-control"
required name="price" id="id_price">
                        </div>
                    </div>

                    <div class="form-group">
                        <label for="id_pubdate" class="col-md-3
control-label">出版日期: </label>
                        <div class="col-md-9">
                            <input type="date" class="form-control"
required name="publish_date" id="id_pubdate">
                        </div>
                    </div>

                    <div class="form-group">
                        <div class="col-md-4 col-md-offset-4">
                            <button class="btn btn btn-primary btn-
block" type="submit">提交</button>
                        </div>
                    </div>
```

```
          </form>
        </div>
      </div>
    </div>

{% endblock %}
```

接下来继续实现添加图书的视图处理函数。在这个视图处理函数中，需要对用户的权限进行判断，很显然，这一部分逻辑与之前判断用户是否登录是类似的，Django 框架也同样提供了一个装饰器用于判断用户是否有权限访问某个具体的视图处理函数 management/views.py。

这个装饰器为 user_passes_test，它与之前介绍的 login_required 在同一个包中。user_passes_test 装饰器在使用时需要传入一个函数作为参数，这个函数接收一个 User 对象作为参数，返回一个布尔值以作为用户是否可以访问该视图处理函数的依据。

```python
@user_passes_test(lambda u: u.is_staff)
def add_book(request):
    user = request.user
    state = None
    if request.method == 'POST':
        new_book = Book(
            name=request.POST.get('name', ''),
            author=request.POST.get('author', ''),
            category=request.POST.get('category', ''),
            price=request.POST.get('price', 0),
            publish_date=request.POST.get('publish_date', '')
        )
        new_book.save()
        state = 'success'
    context = {
        'user': user,
        'active_menu': 'add_book',
        'state': state,
    }
    return render(request, 'management/add_book.html', context)
```

这个装饰器的判断逻辑非常简单，仅需判断 user 中的一个字段，所以简单地使用了 lambda 函数来处理这个问题。在后续需要判断权限的视图处理函数时，都可以继续使用这一行代码来处理权限判断的问题。

7.5.2 图片上传功能的实现

在实现图片上传功能之前，需要为用户上传的图片指定存放的路径和 URL，在开发阶段这个路径可以存放在项目文件夹的 media 文件夹中，在这个文件夹的相对位置是由 ImageField 中的 upload_to 参数指定的。

所以需要先修改 settings.py 文件，添加如下两个设置项：

```
MEDIA_URL = '/media/'
MEDIA_ROOT = os.path.join(BASE_DIR, 'media').replace('\\', '/')
```

紧接着需要修改 URL 设置 BookManagement/urls.py，这里对用户上传文件的处理方式和之前提到的静态文件一样，在开发阶段需要使用 Django 自带的静态文件服务来处理这些静态文件的请求。所以需要添加相应的 URL 设置。

```
if settings.DEBUG:
    urlpatterns += staticfiles_urlpatterns()
    urlpatterns += static(settings.MEDIA_URL, document_root=
settings. MEDIA_ROOT)
```

图片上传的逻辑和之前完成的添加图书功能的逻辑没有什么不同，对于文件的保存之类的操作 Django 都会帮助完成，我们无须进行过多的干预，只需要调用 save 方法即可。

如下就是图片上传页面的前端代码 templates/management/add_img.html：

```
{% extends "management/base.html" %}
{% block title %}添加图书图片{% endblock %}

{% block content %}

    <div class="container">
        <div class="row">
            <div class="col-md-6 col-md-offset-3 col-sm-10 col-sm-
offset-1">
                {% if state == 'success' %}
                    <div class="well">
                        <h2 class="text-success text-center">添加成功
</h2>
                    </div>
                {% elif state == 'error' %}
```

```
                    <div class="well">
                        <h2 class="text-danger text-center">添加失败
</h2>
                    </div>
                {% endif %}
                <form method="POST" role="form" class="form-
horizontal" enctype="multipart/form-data">
                    {% csrf_token %}
                    <h1 class="form-signin-heading text-center">添加
图片</h1>


                    <div class="form-group">
                        <label for="id_name" class="col-md-3 control-
label">名称：</label>
                        <div class="col-md-9">
                            <input type="text" class="form-control"
id="id_name" required name="name" autofocus>
                        </div>
                    </div>


                    <div class="form-group">
                        <label for="id_description" class="col-md-3
control-label">描述：</label>
                        <div class="col-md-9">
                            <input type="text" class="form-control"
required name="description" id="id_description">
                        </div>
                    </div>


                    <div class="form-group">
                        <label for="id_book" class="col-md-3 control-
label">所属书籍：</label>
                        <div class="col-md-9">
                            <select name="book" id="id_book" class=
"form-control">
                                {% for book in book_list %}
                                    <option value="{{ book.id }}">
{{ book.name }}</option>
                                {% endfor %}
                            </select>
```

```
                    </div>
                </div>

                <div class="form-group">
                    <label for="id_img" class="col-md-3 control-
label">图片: </label>
                    <div class="col-md-9">
                        <input type="file" id="id_img" name="img"
class="form-control" required>
                    </div>
                </div>

                <div class="form-group">
                    <div class="col-md-4 col-md-offset-4">
                        <button class="btn btn btn-primary btn-
block" type="submit">提交</button>
                    </div>
                </div>
            </form>
        </div>
    </div>
</div>


{% endblock %}
```

　　这段程序代码对前端表单的处理与之前的表单处理略有不同，需要给表单添加一个属性 enctype="multipart/form-data"，否则在后端 Django 框架时无法收到前端上传的文件。

　　接下来继续实现文件上传的后端视图处理函数部分 management/views.py。

```
@user_passes_test(lambda u: u.is_staff)
def add_img(request):
    user = request.user
    state = None
    if request.method == 'POST':
        try:
            new_img = Image(
                name=request.POST.get('name', ''),
                description=request.POST.get('description', ''),
```

```
                    img=request.FILES.get('img', ''),  # 上传的文件被保存在
request.FILES 中。
                    book=Book.objects.get(pk=request.POST.get('book', ''))
                )
            new_img.save()
        except Book.DoesNotExist as e:
            state = 'error'
            print(e)
        else:
            state = 'success'
    content = {
        'user': user,
        'state': state,
        'book_list': Book.objects.all(),
        'active_menu': 'add_img',
    }
    return render(request, 'management/add_img.html', content)
```

在上面这个程序片段中，需要注意两个地方：

（1）在图片上传的页面中，需要选择为具体某一本图书上传图片，所以需要相应地把图书列表一起传递到前端页面中。

（2）上传的文件内容不是在 request.POST 中，而是在 request.FILES 中。对于外键的处理，我们从前端表单中得到的是关联对象的 id，需要将其转换为相应的对象再进行保存。

以上就是图片上传功能的实现部分。

在本节中，虽然介绍的是图片文件上传的功能，但是其他不同格式文件上传的功能都是大同小异的，大家可以自行尝试一下。

7.5.3　图书列表功能的实现

在成功实现了添加图书的功能之后，接下来实现图书列表功能，这个功能用于展示数据库中的图书，实现分类书单的展示。

要实现视图处理函数时，需要思考的是在这个视图处理函数中为页面提供什么样的数据。首先想到的是图书类别的列表，这样可以根据图书类别对要展示的图书进行一个简单的筛选，其次需要提供一个符合用户所选类别的图书列表。最后，作为一个列表页面，有可能会有非常多的结果，因此同时需要为用户提供分页的功能。

下面就来分别解决上述的三个问题。

首先是关于图书类别列表的问题。应该如何获取图书类型的列表呢？最容易想到的方式就是使用 all 接口取回所有的图书对象，然后对里面的分类字段进行统计。不过，这样很明显是不明智的，因为在这个过程中，ORM 框架需要从数据库中取回大量的数据，并且将这些数据构造成 Python 对象，无疑会造成大量的性能损失。对于诸多的字段中，其实所需使用的仅仅是一个字段，为这一个字段就取回全部的数据，效率十分低下。

其次是对数据库应用熟悉的读者很容易想到这里所需的操作，本质上是对图书类别字段进行一个投影去重的操作，完全可以在数据库内简单完成，无需将数据全部取回转换为 Python 对象再进行处理。基于这样的思路，查阅文档后我们可以发现，Django 的 QuerySet 接口提供了 values_list 方法，可以对数据库进行投影操作，只取出我们关注的字段，同时也提供了 distinct 接口用于取出不重复的对象。因此，取回图书分类列表的操作可以用以下代码轻松实现：

```
category_list = Book.objects.values_list('category', flat=True).
distinct(). order_by()
```

order_by()的作用是清除可能存在的默认排序（否则，如果在模型的 Meta 类中设置了 ordering，会导致上面的语句无法正常工作）。同理，如果要实现作者列表之类的功能，也可以采用类似的方式，感兴趣的读者不妨自己试一试。

要从数据库中读取指定分类的书籍列表也非常简单，只需要在 QuerySet 层面对用户选择的分类调用 filter 进行一个简单的筛选即可。需要注意的是，当用户没有指定筛选类别时，我们还是需要为用户返回包含所有书籍的列表。

最后需要解决的问题是分页问题，对于 QuerySet 对象可以像列表对象那样使用切片方式进行索引，获取其中的部分数据，即可达到分页的目的。在 Django 框架中已经实现好了一个分页组件，我们可以直接调用 Django 的分页组件来完成分页功能。

这个分页组件的使用也非常简单，只需提供分页的 QuerySet 对象和每一个分页内的对象数来构造 Paginator 对象即可。在使用时调用 Paginator 实例的 page 方法并传递需要查看的页码，即可得到所需的分页。

那么对于图书列表，视图处理函数就可以按照如下方式来实现 management/views.py。

```
@login_required
def book_list(request, category='all'):
    user = request.user
    category_list = Book.objects.values_list('category', flat=
True). distinct()
```

```
        if Book.objects.filter(category=category).count() == 0:
            category = 'all'
            books = Book.objects.all()
        else:
            books = Book.objects.filter(category=category)

        paginator = Paginator(books, 5)  # 进行分页操作，每次 5 个对象。
        page = request.GET.get('page')
        try:
            books = paginator.page(page)
        except PageNotAnInteger:
            books = paginator.page(1)
        except EmptyPage:
            books = paginator.page(paginator.num_pages)

        context = {
            'user': user,
            'active_menu': 'view_book',
            'category_list': category_list,
            'query_category': category,
            'book_list': books
        }
    return render(request, 'management/book_list.html', context)
```

实现的模板页面文件为 templates/management/book_list.html，代码如下：

```
{% extends "management/base.html" %}
{% block title %}查看图书{% endblock %}


{% block content %}


    <div class="container">
        <div class="row">
            <div class="col-md-10 col-md-offset-1">
                <div class="col-md-2">
                    <div class="list-group">
                        <a href="{% url 'book_list' 'all' %}" class=
"list-group-item" id="id_category_all">
                            全部图书
                        </a>
                        {% for category in category_list %}
```

133

```
                            <a href="{% url 'book_list' category %}"
class= "list-group-item"
                                id="id_category_{{ category }}">
                                {{ category }}
                        </a>
                    {% endfor %}
                </div>
                <script type="text/javascript">
                    $('#id_category_{{ query_category }}').
addClass("active");
                </script>
            </div>
            <div class="col-md-9 col-md-offset-1">
                <table class="table table-hover">
                    <thead>
                    <tr>
                        <th>#</th>
                        <th>书名</th>
                        <th>作者</th>
                        <th>出版日期</th>
                        <th>定价</th>
                    </tr>
                    </thead>
                    <tbody>
                    {% for book in book_list %}
                        <tr>
                            <td>{{ forloop.counter }}</td>
                            <td><a href="{% url 'book_detail'
book.id %}"> {{ book.name }}</a></td>
                            <td>{{ book.author }}</td>
                            <td>{{ book.publish_date|date:
"Y-m-d" }}</td>
                            <td>{{ book.price|floatformat:2 }}
 </td>
                        </tr>
                    {% empty %}
                        <tr>
                            <td>暂无图书</td>
                        </tr>
                    {% endfor %}
```

```
                            </tbody>
                        </table>
                        <nav>
                            <ul class="pager">
                                {% if book_list.has_previous %}
                                    <li class="previous"><a
                                        href="{% url 'book_list'
query_category %}&page={{ book_list.previous_page_number }}">上一页
</a>
                                    </li>
                                {% else %}
                                    <li class="previous disabled"><a href=
"#">上一页</a></li>
                                {% endif %}
                                第 {{ book_list.number }} / {{ book_list.
paginator. num_pages }}页
                                {% if book_list.has_next %}
                                    <li class="next"><a
                                        href="{% url 'book_list'
query_category %}&page={{ book_list.next_page_number }}">下一页</a>
                                    </li>
                                {% else %}
                                    <li class="next disabled"><a href="#">
下一页</a></li>
                                {% endif %}
                            </ul>
                        </nav>
                    </div>
                </div>
            </div>
        </div>

    {% endblock %}
```

以上就是图书列表功能的具体实现，最后网页展示的效果如图 7-3 所示。

图 7-3　图书列表实现的效果

7.5.4　图书详情功能的实现

最后需要实现图书详情页面，图书详情页面的视图处理函数非常简单，只需返回相应 ID 的图书对象即可。

```
@login_required
def book_detail(request, book_id=1):
    user = request.user
    try:
        book = Book.objects.get(pk=book_id)#根据ID返回相应的书籍信息
    except Book.DoesNotExist:
        return HttpResponseRedirect(reverse('book_list', args=
('all',)))
    content = {
        'user': user,
        'active_menu': 'view_book',
        'book': book,
    }
    return render(request, 'management/book_detail.html', content)
```

随后实现图书详情页面的模板部分 templates/management/book_detail.html。在模板部分中需要注意的是对书籍图片的展示部分，需要调用图书对象的image_set.all()方法来获取与该对象关联的全部图片对象。对于图片对象则需要调用其 img 字段的 url 方法来获取其 URL 地址，否则无法展示出图片。

```
{% extends "management/base.html" %}
```

```
    {% block title %}查看图书{% endblock %}

  {% block content %}

    <div class="container">
        <div class="row">
            <div class="col-md-10 col-md-offset-1">
                <div class="col-md-5">
                    {% if book.image_set.all %}
                        <div id="carousel-generic" class="carousel
slide" data-ride="carousel">
                            <ol class="carousel-indicators">
                                {% for img in book.image_set.all %}
                                    <li data-target="#carousel-generic"
data-slide-to="{{ forloop.counter0 }}"
                                        {% if forloop.first %}class=
"active"{% endif %}></li>
                                {% endfor %}
                            </ol>
                            <div class="carousel-inner" role="listbox">
                                {% for img in book.image_set.all %}
                                    <div {% if forloop.first %}class=
"item active" {% else %}class="item"{% endif %}>
                                        <img class="img-rounded" src=
"{{ img. img.url }}">
                                    </div>
                                {% endfor %}
                            </div>
                            <a class="left carousel-control" href=
"#carousel-generic" role="button" data-slide="prev">
                                <span class="glyphicon glyphicon-
chevron-left"> </span>
                            </a>
                            <a class="right carousel-control" href=
"#carousel-generic" role="button" data-slide="next">
                                <span class="glyphicon glyphicon-
chevron-right"> </span>
                            </a>
                        </div>
                    {% else %}
```

```
                    <p class="text-center">暂无图片</p>
                {% endif %}
            </div>
            <div class="col-md-6 col-md-offset-1">
                <h2 class="text-center">{{ book.name }}</h2>
                <br>
                <h3>作者：{{ book.author }}</h3>
                <h3>类别：{{ book.category }}</h3>
                <h3>出版日期：{{ book.publish_date|date:
"Y-m-d" }}</h3>
                <h3>价格：{{ book.price|floatformat:2 }}</h3>
            </div>
        </div>
    </div>
</div>

{% endblock %}
```

至此就完整实现了这个图书管理系统。

第 3 篇 实践学习二:

从博客做起

在第 2 篇中通过一个简单的范例学习了 Django 的基本用法,读者应该已经可以用 Django 去搭建一些简单的网站。在这个过程中,我们也不难发现,把所有的功能都设计在一个 APP 中,这样的设计虽然看起来非常直观,但是其中的功能模块都没有办法进行复用,对于具有复杂功能的网站,这种简单结构的网站也很难进行进一步的拓展和改造。

在第 3 篇中,我们将带领大家通过另一个范例学习关于 Django 应用的模块化设计。

第8章　个人博客网站的规划和设计

本章将通过个人博客网站这个范例来学习网站功能规划和程序实现上的模块化设计。

作为一个博客系统或博客产品，它的主要功能就是提供一个信息展示的平台，人们可以在博客网站上撰写文章（即博文），并与朋友互动。

现在市面上已有很多非常优秀的博客产品，它们也都各具特色。在第 3 篇的各个章节中，我们主要通过博客系统这样的范例继续介绍关于 Django 框架的使用，而不会特别把关注点放在博客产品细节功能的设计上。"授之以鱼不如授之以渔"，通过一个简单的产品学习 Django 的使用，以后大家可以把学到的核心知识灵活地应用到自己的创意中，例如去搭建更为个性化的博客产品。

接下来，通过本章的学习来确定要博客产品实现的具体功能和实现次序。

8.1　功能需求的设计

本节中先来规划一下博客网站的功能。作为一个博客产品，核心的功能就是博文的发布功能。因此，重点需要实现支持富文本（Rich Text）功能的博文发布功能，即支持多格式文件或多信息文本功能。围绕着博文发布功能，可以再做一些扩展，例如，在一些博客产品上，可能会不定期地发布一些单页的介绍页、活动页之类的页面，但是又不希望这些页面和博文一同排布在文章分类中。因此对于文章部分，需要确定的就是这样两个功能：单页和博文。

除了核心的博文功能之外，对博客产品的定位更是一个展示自己的平台，那么博客用户有时可能只是想随手分享一些自己看到的句子，或者一些对生活琐事的感悟、吐槽等，如果这些内容都归类到博文分类，那么博文系统就会显得太"沉重"了。因此，还需要这样一个轻量级的表达渠道，类似于 QQ 空间的"说说"。故而还会在博客产品中实现一个"碎碎念"的功能，并且通过一个时间线的形式来展示我们的"碎碎念"。

在展示的基础之上，还需要引入互动相关的元素，因此，要引入评论和留言机制。对于评论模块，将介绍一下如何在模块中接入第三方机构的组件。使用社会化评论框的好处是，读者可以使用他已有的社交账号进行登录，而无需再到我们的平台上注册和登录。

除了评论和留言之外，一般也会在博客上维护一个友情链接的列表。因为这个列表可能会经常改变，所以希望这个模块可以实现为可动态设置。

对于博客产品，除了如上所说的这些业务功能模块之外，还需要一些与网站特点相关的功能，比如鉴权、导航、订阅等。

最终实现的博客功能如图 8-1 所示。

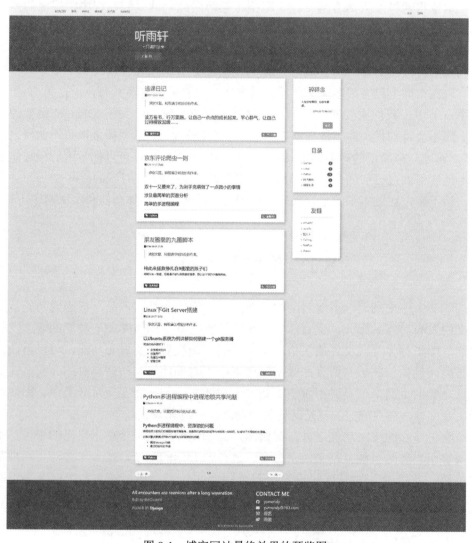

图 8-1　博客网站最终效果的预览图

8.2　模块划分

确定了基本的需求之后，就要进行模块的划分了。在 Django 中，可以把每一个功能相对独立的模块做成一个 APP，用这些相对独立的 APP 组成所需的网站。这样做的好处是，可以根据需要对其中的模块进行复用。在后期使用过程中，也可以根据需求对一些模块进行升级替换而无需对其他模块进行过多的修改。

上一节已经梳理了这个博客产品的基本需求，然后就可以按照之前梳理的功能需求来划分功能模块。除了业务功能之外，这个网站的一些功能也需要单独划分为功能模块。

因此，可以把网站划分为这些模块：用户和鉴权模块、"碎碎念"模块、文章模块、导航栏模块等。在后续的章节中，将带领大家逐一实现这些模块，最终完成一个属于自己的个性化博客网站。

第9章　Django 通用视图简介

在前面章节的范例中，介绍和讨论过使用视图处理函数来处理用户的请求。其实 Django 框架还提供了另一种处理用户请求的方式，就是基于类的视图处理方式。与基于函数的视图处理方法相比，基于类的方式可以更好地处理不同 HTTP 方法的请求。我们可以把每个方法的处理流程写成这个类的一个单独的方法，使得逻辑会变得简单清晰。除此之外，重点是可以使用多重继承等方式，把代码变成可复用的组件。

正因为有了这种基于类的视图处理方法，使得很多代码可以复用。其实，对于大部分的 Web 应用来说都是对于一些特定表单的增加、删除、修改和查询，因此 Django 框架内置了很多通用视图，可以通过继承框架中提供的那些通用视图来快速实现我们所需的功能。本章将会向大家介绍几种常用的通用视图，并且在后续章节中通过实际的例子向大家展示这些通用视图的使用方法。

9.1　TemplateView 简介

TemplateView 是一个最为基本的通用视图，它的作用是渲染指定的模板。

在使用 TemplateView 时，通过继承 TemplateView 类并把它的 template_name 属性指定为模板名称即可。如果需要在模板渲染时传入额外的参数，可以通过重写 get_context_data 方法来实现。注：重写也被称为覆写或覆盖，本书统一用重写（Override）。

下面看一个小例子：

```
class HomepageView(TemplateView):
template_name = 'website/index.html'
def get_context_data(self, **kwargs):
    context = super().get_context_data(**kwargs)
    context['username'] = 'admin'
    return context
```

在这个例子中，重新指定了 template_name 属性，即指定了想要渲染的模板对应文件的路径和文件名。

　　同时也重写了 get_context_data 方法，并且在 context 字典中加入了 username 这样一个字段。通过这样的方式，在模板中使用{{username}}就可以正确地得到想要呈现（即渲染）的字段值了。

9.2　RedirectView 简介

　　跳转视图的作用是跳转到给定 URL 对应的网页，可以通过几种不同的方式提供想要跳转网页对应的 URL。

　　第一种方式最为直接，可以重新设置 RedirectView 的 URL 属性，以字符串的形式提供一个 URL，Django 将会跳转到这个 URL 对应的网页。

　　第二种方式是重新设置 pattern_name 属性，提供一个在 URL 设置中的 URL 名称，Django 框架会找到这个名称对应的 URL 并且跳转到它所对应的网页。

　　如果以上两种简单的方式不能满足应用的需求，则可以采用重写 get_redirect_url 方法的方式，通过这个方法返回一个字符串形式的 URL 跳转所对应的网站。需要注意的是，在跳转之前，如果还有一些额外的工作需要完成，也可以通过重写这个方法，在其中加入我们所需的程序逻辑即可。典型的应用场景就是用户注销/登录的操作，我们希望用户用鼠标单击注销链接之后完成注销并且跳转到网站首页。这样的操作就可以通过这个方法实现，示例代码如下：

```
class LogoutView(RedirectView):
    pattern_name = 'homepage'

    def get_redirect_url(self, *args, **kwargs):
        logout(self.request)
        return super(LogoutView, self).get_redirect_url(*args,
**kwargs)
```

9.3　DetailView 简介

　　DetailView 多用于展示某一个具体数据对象的详细信息的页面。通常情况下，通过在 URL 中提供一个 pk 或者 slug 参数，Django 就会根据所提供的这个参数来找到指定模型的对象，并渲染出指定模板的页面。

　　通过重新设置 model 属性来指定需要获取的 Model 类，默认对象名称为

object，也可以通过重新设置 context_object_name 属性来更改这个名字。

当然，可以通过直接重写 get_object 方法来实现更复杂的逻辑，或者在取回对象的同时完成一些附加逻辑。例如，在本章范例的博客应用中，会用这种方法来更新文章阅读的计数器。范例代码如下：

```python
class BlogDetailView(FrontMixin, DetailView):
    model = Blog
    context_object_name = 'article'
    template_name = 'article/article_detail.html'

    def get_object(self, queryset=None):
        obj = super(BlogDetailView, self).get_object()
        obj.show_times += 1
        obj.save()
        return obj
```

在这个范例中可以看到，通过重新设置 model 字段来指明了所需对象是 Blog 这个模块的对象，希望它在模板中的名字为 article，通过重写的 get_object 方法来更新文章计数器。

9.4　ListView 简介

ListView 主要用于展示对象的列表。可以通过重新设置其 model 字段来指定想要展示的模型，可以在模板用 object_list 来调用对象的列表。默认情况下，获取的是该模型的全部元素，即调用了 all 接口。

如果希望对这个列表进行分页，也无需编写很烦琐的代码，ListView 默认可以使用 Django 内置的分页组件。我们只需要通过重新设置 paginate_by 字段，指定分页的大小即可。

当然，如果想对列表进行一些筛选或者自定义查询的规则，也是非常容易的，只需要重写 get_queryset 方法即可。该方法返回一个 QuerySet 对象。

如果需要向页面中添加其他元素，和 TemplateView 类似，只需要重写 get_context_data 方法，在其中加入所需的额外信息即可。

9.5　FormView 简介

FormView 主要用于表单的处理，通过 Get 方式访问该视图时会返回表单。通过 POST 方式提交表单后，如果出现错误，会返回相应的错误信息；如果没有错误，则会跳转至新的 URL 对应的网页。

使用 FormView，除了像以往一样通过重新设置 template_name 来指明模板之外，还必须通过重新设置 form_class 字段来指定需要处理的表单对象，并且通过重设 success_url 来指定表单处理成功后的跳转路径。

通常情况下，使用 CreateView 的时候会更多一些。

9.6　CreateView 简介

CreateView 和 FormView 比较类似，都是用于处理创建对象的表单，若是出错则显示出错误信息，否则就保存所创建的对象。

CreateView 是较为常用的通用视图，可以将创建对象这样简单重复的程序逻辑全部交由这个通用视图来处理。我们需要做的仅仅是通过重新设置 model 字段来指明所需创建对象的模型，并且通过重设 fields 字段来指明表单中会提交的字段名称，剩下的事情交由 Django 框架即可。

有一种特殊的情况，假如需要在创建对象时加入一些其他字段，而这些字段不是通过用户的表单提交上来的，应该怎么办呢？这个小问题留到后面的章节中，我们通过实际的范例给大家介绍这个问题的解决办法。

9.7　UpdateView 简介

UpdateView 和 CreateView 基本一致，区别在于前者是对一个已经存在的对象进行显示和修改。

在使用方法上，UpdateView 和 DetailView 一样，需要由 URL 传入一个具体的 pk 或者 slug 找到要修改的对象。同时与 CreateView 类似，需要通过重新设置 fields 字段来指定所要更新的字段名称。如果修改成功之后，Django 框架会跳转至重设 success_url 字段指定的网页。

9.8 DeleteView 简介

DeleteView 用于删除一个对象和展示确认页面的视图。当以 GET 方式访问时会展示确认页面，这个页面应该包含一个含有向同一个 URL 提交 POST 请求的表单。通过 POST 访问这个 URL 时，会删除指定的对象。和 UpdateView 一样，需要通过 URL 传递主键并通过重设 model 字段来指定需要删除的对象所属的模型。删除成功后，页面会跳转到通过重设 success_url 指定的地址。

第 10 章　基本页面框架的实现

本章将带领大家来实现整个博客网站的基本页面框架。这个页面框架分为前端和后端两个主要部分，重要的是前端，用于展示各类信息的页面，其次是一个简单的管理后端，用于发布博文、管理博客网站的内容。注：本书在大部分上下文中统一使用前端（Front End）和后端（Back End）的词汇，只有特定习惯用法才使用前台和后台。

当然，也可以把所有的功能全部放在一个统一的页面下，这个取决于个人喜好。

10.1　前端页面框架的实现

在实现这个页面之前，首先需要对这个页面的结构进行一个简单的分析，如图 10-1 所示。

图 10-1　前端页面框架

此时去掉了页面中绝大多数的内容，这样有利于关注到页面结构本身，分析页面结构是为了在设计模板时能更合理地进行模板的嵌套和继承，便于使用最少的代码来达到希望的效果。

在页面的顶部是一个置顶的导航栏，它和页头以及最底部的页脚会出现在前端的每一个页面中，所以这部分的实现要独立出来。

而对于整个页面的核心部分，也就是中间的部分，采取一个常用的 3:1 比例分割的方式，左侧是页面的主体部分，用于展示页面的主要内容，比如文章的详情、文章的列表等。右侧是一个通用化的侧边栏，用于展示一些不重要的信息。整个页面就是通过这一个个组件累加起来的。

接下来就要开始逐步实现这个博客网站。

首先创建一个名为 my_blog 的新项目，然后创建一个名为 website 的 APP。这些步骤与前面章节创建新项目的步骤一样，在这里就不在赘述了。

在项目的目录下需要创建一个专门用于存放模板的文件夹，取名为 templates。在这个模板文件夹下，需要为每个不同的 APP 创建各自的子文件夹（即目录），对于较为复杂的项目来说，这样更便于管理。因此，我们为刚刚创建的网站应用创建一个同名的文件夹。

我们将在这个文件夹中编写博客的页面框架。

正如前文所说，这个博客网站分为前端和后端两个页面框架，所以在这里进一步创建两个文件夹，分别命名为 frontend 和 backend，这两个文件夹将用于存放前端页面和后端页面对应的文件。本节将主要介绍前台页面的实现。

对于前端和后端页面，虽然页面的呈现方式不一样，但是依然可能会有很多相同的部分，比如对静态资源的引入部分等。

可以根据需求，对这些基础的公共部分进一步抽象，可以在 templates/website/文件夹下创建一个名为 base.html 的文件。

在这个文件中写入前端页面和后端页面都会用到的一些代码。

```
{% load staticfiles %}
<!DOCTYPE html>
<html lang="zh-cn">
<head>
    <meta charset="UTF-8">
    <meta http-equiv="X-UA-Compatible" content="IE=edge">
    <meta name="viewport" content="width=device-width, initial-scale=1">
    <title>{% block title %}{% endblock %}</title>
    <link rel="stylesheet" type="text/css" href="{% static
'css/bootstrap. min.css' %}">
```

```
    <link rel="stylesheet" type="text/css" href="{% static 'css/
iconfont. css' %}">
    <link rel="stylesheet" type="text/css" href="{% static 'css/
main.css' %}">
    <script type="text/javascript" src="{% static 'js/jquery.min.
js' %}"> </script>
    <script type="text/javascript" src="{% static 'js/jquery.
cookie.js' %}"></script>
    <script type="text/javascript" src="{% static 'js/bootstrap.
min.js' %}"></script>
    <script type="text/javascript" src="{% static 'js/utils.js'
%}"> </script>
    {% block external_header %}{% endblock %}
  </head>
  <body>
    {% block body %}{% endblock %}
  </body>
{% block external_js %}{% endblock %}
<script type="text/javascript">
    var csrftoken = $.cookie('csrftoken');
        function csrfSafeMethod(method) {
            return (/^(GET|HEAD|OPTIONS|TRACE)$/.test(method));
        }
        $.ajaxSetup({
            beforeSend: function(xhr, settings) {
                if (!csrfSafeMethod(settings.type)
&& !this.crossDomain) {
                    xhr.setRequestHeader("X-CSRFToken", csrftoken);
                }
            }
        });s
  </script>
  </html>
```

在上面这段代码中，需要着重解释一下的是关于最后 ajaxSetup 这一段 js 代码，它的作用是将 Cookie 的 csrf-token 取出并放入 Ajax 的请求报头中，这样 Ajax 请求就可以顺利地通过 Django 的 CSRF 安全中间件了。

在这个文件中，一共给出了 4 处 block。在其他模板文件中，可以根据需要使用 block 标签来修改。

title 用于填充页面的标题，external_header 用于填充上面没有列举到的一些需

151

要包含的静态文件, external_js 用于放置一些和页面相关的 js 逻辑。中间的 body 是用于填充页面的主体部分。

接下来,需要在这个 base 文件的基础上实现前端页面框架。在 frontend 文件夹中创建一个名为 frontend_base.html 的文件,用于编写前端页面框架的基本内容。所有前端展示的页面都将继承于这个模板。

```
{% extends 'website/base.html' %}

{% block title %}{% endblock %}

{% block external_header %}{% endblock %}

{% block body %}
    {% include 'website/frontend/header.html' %}
    <div class="main-page">
        <div class="container">
            <div class="row">
                <div class="col-md-9 left-content">
                    {% block left %}{% endblock %}
                </div>
                <div class="col-md-3 right-content">
                    {% include "website/frontend/sidebar.html" %}
                </div>
            </div>
        </div>
    </div>
    {% include 'website/frontend/footer.html' %}
{% endblock %}

{% block external_js %}
<script type="text/javascript">
    $(function(){
        if ($('body').height() < 650)
        {
            $('.main-page').height(430);
        }
    })
</script>
    {% block front_js %}
```

```
    {% endblock %}
{% endblock %}
```

在这一段代码中，作为一个基本模板，在继承 base.html 的基础上依然留了一些空白给其他继承它的模板使用。

我们将原有的 body 区块分为几个部分，首先是头部，单独编写成一个 header.html 并包含进来。中间分为两个部分，左侧的主要部分依然留空，使用新的区块名 left；右侧为一个所有前端页面统一的侧边栏，将侧边栏编写在 sidebar.html 文件中并包含进来，暂且留空。接下来是页脚部分，也将其独立在 footer.html 文件中并包含进来。为了防止页面内容较少时页面看起来空荡荡的，可在 external_js 空白处填充一段代码来保证页面主体部分的最小高度，同时留下了一个新的空 front_js 以满足后续模板中添加一些 js 代码的需求。

下面给出上文提到几个文件的具体内容。

header.html 文件，用于放置页面的头部。

```
<header>
    <!--TODO: navbar here -->
    <div class="jumbotron front-header text-white">
        <div class="container">
            <h1>听雨轩</h1>
            <p>  一只喵的故事</p>
            <p><a class="btn btn-danger btn-lg" href="#" role=
"button">  了 解 他 → </a></p>
        </div>
    </div>
</header>
```

由于还没有开发好导航栏组件，因此导航栏组件的位置先暂时留空。

footer.html 用于放置页脚部分的代码。

```
<footer>
    <div class="jumbotron front-footer text-white">
        <div class="container">
            <div class="row">
                <div class="col-md-7 col-xs-12">
                    <h3>All encounters are reunions after a long
separation. </h3>
                    <p>Built by the DuanYi</p>
                    <p>POWER BY <strong>Django</strong></p>
                </div>
```

```
            <div class="col-md-5 col-xs-12">
                <h2>CONTACT ME</h2>
                <ul class="list-unstyled contact-info">
                    <li><i class="iconfont">&#xe69f;</i> <a
href="https://github.com/yumendy">yumendy</a></li>
                    <li><i class="iconfont">&#xe6a5;</i> 
yumendy@163.com</li>
                    <li><i class="iconfont">&#xe829;</i> <a
href="https://www.zhihu.com/people/yumendy">段艺</a></li>
                    <li><i class="iconfont">&#xe602;</i> <a
href="http://weibo.com/duanyi1995">雨翌</a></li>
                </ul>
            </div>
            <div class="col-md-12 col-xs-12 text-center copy-
right">
                <p>&copy; COPYRIGHT BY DuanYi 2018</p>
            </div>
        </div>
    </div>
</div>
</footer>
```

以上即为整个前端的页面框架。在后续章节中，其他前端页面都将在此基础上完成。

配套的还有这个页面的基本 css 文件 website/static/css/main.css。这个范例的完整代码都存放在 GitHub 网站上，因为本书篇幅的原因，就不列出具体的代码了，读者可以自行在 GitHub 上查看这个文件。

10.2　后端页面框架的实现

在上一节中，实现了整个网站的前端的基本页面框架。在本节中，将实现后端的基本页面框架。

后端基本页面框架的效果，如图 10-2 所示。

图 10-2　后端页面的实现效果

与前端框架类似，在顶部有一个简易的置顶工具栏，可以在这里把后端页面
分为不同的功能模块。在页面的主体部分中，左侧是一个导航栏，其中包含每一
个子模块的后端页面，例如对导航栏的设置、友情链接的设置等。

下面就来完成这个部分。

首先在 templates/website/ 下创建一个名为 backend 的文件夹，在文件夹中创建
一个继承于 base.html 的文件，命名为 backend_base.html。

```
{% extends 'website/base.html' %}
{% load staticfiles %}

{% block title %}管理后台{% endblock %}

{% block external_header %}
    <link rel="stylesheet" type="text/css" href="{% static 'css/
dashboard. css' %}">
    <script type="text/javascript" src="{% static 'js/jquery.
form.js' %}"></script>
    <script charset="utf-8" src="{% static 'kindeditor/kindeditor
-all-min.js' %}"></script>
    <script charset="utf-8" src="{% static 'kindeditor/lang/
zh-CN.js' %}"></script>
    {% endblock %}


    {% block body %}
```

```
<nav class="navbar navbar-inverse navbar-fixed-top">
    <div class="container-fluid">
        <div class="navbar-header">
            <button type="button" class="navbar-toggle collapsed"
data-toggle="collapse" data-target="#navbar" aria-expanded="false"
aria-controls= "navbar">
                <span class="icon-bar"></span>
                <span class="icon-bar"></span>
                <span class="icon-bar"></span>
            </button>
            <a class="navbar-brand" href="#">后台管理</a>
        </div>
        <div id="navbar" class="navbar-collapse collapse">
            <ul class="nav navbar-nav navbar-right">
                <li><a href="/">主页</a></li>
            </ul>
        </div>
    </div>
</nav>

<div class="container-fluid">
    <div class="row">
        <div class="col-sm-3 col-md-2 sidebar">
            {% include 'website/backend/nav.html' %}
        </div>
        <div class="col-sm-9 col-sm-offset-3 col-md-10 col-md-offset-
2 main">
            <h1 class="page-header">{% block option-title %}
{% endblock %}</h1>
            <div class="row placeholders">
                {% block content %}

                {% endblock %}
            </div>
        </div>
    </div>
</div>
{% endblock %}


{% block external_js %}
```

```
<script>
    $('#{{ active_page }}').addClass("active");
</script>
{% block js %}{% endblock %}
{% endblock %}
```

在这个页面中，处理方式与之前的 front_base 类似，编写一个空的文件并命名为 nav.html，将它预留为导航列表。

在这个后端基本页面框架中，也预留了一些空白给后续的页面使用。option-title 用于填写页面的子标题，content 用于填写页面的主体部分，js 用于填写页面中额外的 js 逻辑。

有了前一个页面的基础，这个页面相对来说要简单得多。这个页面的 css 文件是 website/static/css/dashboard.css，其中的细节这里就不再展开讨论了。

至此，这个博客网站的前端和后台的基本框架就完成了，后续的内容都将在这两个框架的基础上进行。

第11章 用户系统和认证模块的实现

本章将带领大家一起实现这个博客网站范例中的用户系统和认证模块。在本章中，我们将正式使用基于类的视图处理方法来完成这个范例项目。

11.1 同步数据库文件

首先创建一个名为 authentication 的 APP：

```
python manage.py startapp authentication
```

然后在模板文件夹中创建同名的模板子文件夹，同时还要创建一个超级管理员用户。在创建之前需要先同步数据库文件，分别执行如下几条命令：

```
python manage.py makemigrations
python manage.py migrate

python createsuperuser
```

按照系统的提示，输入用户名和密码即可。

接下来开始实现用户认证的相关功能。

11.2 用户登录功能的实现

为了便于测试，在实现登录功能之前，先用一个空的页面作为主页。

首先在 templates/website/frontend/文件夹中创建一个 homepage.html 文件。文件的内容如下：

```
{% extends 'website/frontend/frontend_base.html' %}

{% block title %}
    听雨轩
```

```
{% endblock %}

{% block external_header %}

{% endblock %}

{% block left %}

{% endblock %}
```

接下来在 website/views.py 文件中实现主页的视图处理类。

```
class HomepageView(TemplateView):
template_name = 'website/frontend/homepage.html'
```

HomepageView 这 个 类 继 承 于 TemplateView， 只 需 重 新 设 置 它 的
template_name 成员来指定其模板文件即可。

同时也不要忘了设置 URL 路由。需要在 website/下创建 urls.py 文件，并写入
如下内容：

```
from django.urls import path

from website import views

urlpatterns = [
    path('', views.HomepageView.as_view(), name='homepage'),
]
```

在项目的 URL 设置文件中包含这个文件，需要修改 my_blog/urls.py 文件。

```
from django.conf.urls.static import static
from django.contrib import admin
from django.contrib.staticfiles.urls import staticfiles_urlpatterns
from django.urls import path, include
from django.conf import settings

urlpatterns = [
    path('admin/', admin.site.urls),
    path('authentication/', include('authentication.urls')),
    path('', include('website.urls'))
]
```

```
if settings.DEBUG:
    urlpatterns += staticfiles_urlpatterns()
urlpatterns+= static(settings.MEDIA_URL, document_root= settings.
MEDIA_PATH)
```

在后续章节中，将会为每一个新的 APP 都创建这样一个 URL 设置文件。

接下来，也需要给鉴权 APP 创建一个同样的 urls.py 文件 authentication/urls.py，并写入如下内容：

```
from django.urls import path

from authentication import views

urlpatterns = [
    path('user/login/', views.LoginView.as_view(), name='user-
login'),
    path('user/logout/', views.LogoutView.as_view(), name='user-
logout')
    ]
```

现在就需要实现用户登录逻辑了。登录是一个典型的用户前端页面提交表单，然后在后端对用户的输入进行处理的逻辑。根据之前章节的介绍，可以选择通过继承 FormView 的方式来实现视图处理函数。

因此，需要实现表单类。在 authentication 文件夹中创建 forms.py 文件。

```
from django import forms
from django.contrib.auth import authenticate



class LoginForm(forms.Form):
    username = forms.CharField()
    password = forms.CharField()

    def login(self):
        user = authenticate(username=self.cleaned_data['username'],
password=self.cleaned_data['password']) # 鉴权并返回用户对象
        return user
```

给当前的表单设置 username 和 password 两个字段。需要特别注意的是，这两个字段的名称，需要与 HTML 页面中表单项的名称一致，否则 Django 将无法正确找到相应的字段。

160

　　同时，还可以给这个表单实现一个 login 方法用于登录认证。当用户名和密码正确时，返回相应的 User 对象；如果不正确，则返回 None。

　　完成表单类之后，在 authentication/views.py 文件中实现相应的登录方法。

```python
class LoginView(FormView):
    template_name = 'authentication/user_login.html'
    success_url = reverse_lazy('homepage')
    form_class = LoginForm

    def get_context_data(self, *args, **kwargs):
        context = super(LoginView, self).get_context_data(**kwargs)
        context['active_page'] = 'login'
        return context

    def form_valid(self, form):
        user = form.login()
        if user is not None:
            login(self.request, user)
            return JsonResponse({'state': 'success'})
        else:
            return JsonResponse({'state': 'error', 'msg': '用户名或
密码错误'})
```

　　为了页面的交互性更好，可将请求设计为了 Ajax 请求。所以在此处，使用 JsonResponse 返回一个标准的 JSON 字符串。

　　通过重新设置 form_class 成员来指明要处理的表单，即上文中的表单，并重写 form_valid 方法来处理请求。

　　前端页面 templates/authentication/user_login.html 也同样较为简单。

```html
{% load staticfiles %}
<!DOCTYPE html>
<html lang="zh-CN">
    <head>
        <meta charset="utf-8">
        <meta http-equiv="X-UA-Compatible" content="IE=edge">
        <meta name="viewport" content="width=device-width,
initial-scale= 1">
        <title>后台登录</title>
        <link href="{% static 'css/bootstrap.min.css' %}" rel=
"stylesheet">
```

161

```
        <link href="{% static 'css/signin.css' %}" rel=
"stylesheet">
        <script type="text/javascript" src="{% static 'js/jquery.
min.js' %}"></script>
        <script type="text/javascript" src="{% static 'js/jquery.
cookie. js' %}"></script>
        <script type="text/javascript" src="{% static 'js/
bootstrap.min. js' %}"></script>
        <script type="text/javascript" src="{% static 'js/utils.
js' %}"></script>
        <script type="text/javascript" src="{% static 'js/jquery.
form.js' %}"></script>
    </head>

    <body>
      <div class="container">
        <form class="form-signin" method="post" id="data-form">
            <h2 class="form-signin-heading">请登录</h2>
            <input type="text" id="inputUsername" class="form-
control" placeholder="用户名" name="username" required autofocus>
            <input type="password" id="inputPassword" class=
"form-control" placeholder="密码" name="password" required>
            <button class="btn btn-lg btn-primary btn-block"
id= "submit-btn">登录</button>
        </form>
      </div>
    </body>

    <script type="text/javascript">
      var csrftoken = $.cookie('csrftoken');
        function csrfSafeMethod(method) {
            return (/^(GET|HEAD|OPTIONS|TRACE)$/.test(method));
        }
        $.ajaxSetup({
            beforeSend: function(xhr, settings) {
                if (!csrfSafeMethod(settings.type) &&
!this.crossDomain) {
                    xhr.setRequestHeader("X-CSRFToken",
csrftoken);
                }
```

```
            }
        });
    </script>


    <script type="text/javascript">
        $('#submit-btn').click(function (e) {
            e.preventDefault();
            if ('' !== $('#inputUsername').val() && '' !==
$('#inputPassword').val()) {
                $.ajax({
                    type: "POST",
                    dataType: 'json',
                    data: $('#data-form').serializeArray(),
                    url: '{% url "user-login" %}',
                    success: function (data) {
                        var state = data.state;
                        if (state === 'success') {
                            window.location.href = '{% url "homepage"
%}';

                        } else {
                            showModal('danger', data.msg);
                        }
                    },
                    error: function(data) {
                        console.log(data);
                    }
                })
            }
        })
    </script>

</html>
```

登录页面的 css 文件是 website/static/css/signin.css，这里不展开讲解。

至此，登录功能就完成了，读者可以访问 http://127.0.0.1:8000/authentication /user/login/ 这个地址，并使用刚才创建的超级管理员账户尝试登录。如果登录成功，则会跳转至首页；如果失败了，则会给出相应的提示。

完成登录页面之后，接下来要实现注销（退出登录状态）逻辑。注销逻辑与登录逻辑相比更加简单。

11.3　用户注销功能的实现

注销逻辑无需专门的页面，只需在用户访问注销 URL 时，完成注销逻辑并跳转回网站首页即可。

对于这类的逻辑，其实 Django 也准备好了一个可以复用的视图处理类 RedirectView。通过重新设置 pattern_name 成员来指定要跳转的 URL 的名称即可实现跳转。

当然，注销逻辑要在执行跳转前执行，所以可以通过重写 get_redirect_url 方法来实现。具体实现如下：

```
from django.contrib.auth import logout

class LogoutView(RedirectView):
    pattern_name = 'homepage'

    def get_redirect_url(self, *args, **kwargs):
        logout(self.request)
        return super(LogoutView, self).get_redirect_url(*args,
**kwargs)
```

至此，登录和注销逻辑就完成了。

第 12 章　导航栏组件的实现

本章将带领大家一起实现一个可以复用的导航栏组件。与前文类似，需要先创建一个导航栏的 APP。

```
python manage.py createapp navbar
```

接着在 templates 文件夹中为这个应用创建一个同名的模板文件夹。在本章中，导航栏相关的文件都会在这两个文件夹中完成。

12.1　导航栏数据模型的设计

与之前网页的导航栏不同，希望设计的是一个可以不用修改代码就能进行变更的导航栏，那么必须把导航栏中的各个导航项存入数据库中，并且完成相应的增加、删除、修改和查找逻辑才能正常使用。

因此，首先需要对数据库中的数据表进行设计，也就是设计模型类。对于这样的类，先对其进行一个简单的分析，单击导航栏上的一个按钮，与导航栏上的其他按钮相比，这个按钮的不同之处在于其上展示的文字以及指向的地址不同。

这样，就需要为其设计两个字段，分别表示展示给用户的文字和指向的地址。还有另外一个问题，在导航栏上需要设置导航项的先后顺序，于是每个项目就需要有一个"权重"或者展示次序的属性，它同样需要记录在数据库中，来确保展示的数据可以按照设计的想法进行调整。

基于如上的想法，可以在 navbar/models.py 中实现如下的类。

```
from django.db import models


class NavItem(models.Model):
    title = models.CharField(verbose_name='标题', max_length=8,
default= 'New page')
    url = models.CharField(verbose_name='指向链接', max_length=4096,
blank=True, null=True)
```

```
    show_order = models.SmallIntegerField(verbose_name='展示顺序',
default=0)
    create_time = models.DateTimeField(verbose_name='创建时间',
auto_now_add=True)

    class Meta:
        verbose_name_plural = verbose_name = '导航栏'
        ordering = ['show_order', '-create_time']

    def __str__(self):
        return self.title
```

这里特别需要说明的是关于展示顺序的问题，通过指定 ordering 的方式来确定该对象的默认排序方式。当然，也可以在查询时通过 order 接口进行排序。ordering 数组中填写期望排序的字段名称，默认是按升序排序，如果希望按降序排序，可以在字段名称前面加上一个"-"符号。对于上述导航类模型，排序的规则就是优先按照 show_order 字段进行升序排序的，在该字段相同的情况下，再按照 create_time 字段进行降序排序。

12.2 导航栏前端组件的实现

在本节中，将实现导航栏的前端组件。在前面的章节中，已经介绍过基于类的视图处理方法的好处，可以通过使用多重继承的方法实现组合模式，从而做到无需改动程序逻辑的代码，只要多重继承一个类就可以向特定的类中加入想要实现的功能。

因此，要实现一个导航栏的前端组件，实际上是实现两个部分的内容，一个是前端的 HTML 代码块，在需要放置导航栏的页面中用 include 包含这个 HTML 文件即可。另一个是实现 Mixin 类，用于重写 get_context_data 方法，并且在呈现的上下文字典中加入所需的内容。

首先实现导航栏组件的 Mixin 部分，这个部分需要返回的是全部的导航项对象。在 navbar 文件夹下创建一个名为 mixins.py 的文件，然后实现 Mixin 类。

```
from navbar.models import NavItem


class NavBarMixin(object):
    def get_context_data(self, *args, **kwargs):
```

```
        context = super(NavBarMixin, self).get_context_data(*args,
**kwargs)
        context['nav_item_list'] = NavItem.objects.all()
        return context
```

在重写的 get_context_data 方法中，根据 Python 的多重继承规则，通过 super 调用其基类的同名方法，可以获取到原本的 context 字典，然后在这个字典中以 nav_item_list 作为键（Key）插入一个包含全部导航项对象的 QuerySet。接下来返回这个 context 即可。在需要展示导航栏的页面中，只需让其视图处理类继承这个 NavBarMixin 类，然后在页面中通过 nav_item_list 变量来引用这个导航项列表。

因为对于每个页面导航栏的前端样式是固定的，所以把这个部分的 HTML 文件也单独形成一个代码块，在需要的部分用 include 包含进来即可。下面看看这个 HTML 的代码块应该如何实现。

在 templates/navbar 文件夹下创建一个名为 navbar_weight.html 的文件，并且写入如下内容。

```html
<nav class="nav navbar-default">
    <div class="container-fluid">
        <div class="col-md-offset-1 col-md-10 col-sm-12">
            <div class="navbar-header">
                <button type="button" class="navbar-toggle collapsed"
data-toggle="collapse" data-target="#navbar-weight" aria-expanded=
"false">
                    <span class="icon-bar"></span>
                    <span class="icon-bar"></span>
                    <span class="icon-bar"></span>
                </button>
                <a class="navbar-brand" href="{% url 'homepage' %}">
Blog</a>
            </div>
            <div class="collapse navbar-collapse" id="navbar-
weight">
                <ul class="nav navbar-nav">
                    <li id="home-page"><a href="{% url 'homepage'
%}">首页</a></li>
                    {% for item in nav_item_list %}
                        <li id="nav-{{ item.id }}"><a href=
"{{ item.url }}"> {{ item.title }}</a></li>
                    {% endfor %}
                </ul>
```

```
                    <ul class="nav navbar-nav navbar-right">
                        {% if user.is_authenticated %}
                            <li><a href="{% url 'dashboard' %}">后台
</a> </li>
                            <li><a href="{% url 'user-logout' %}">注销
</a> </li>
                        {% else %}
                            <li id="login"><a href="{% url 'user-login'
%}">登录</a></li>
                        {% endif %}
                    </ul>
                </div>
            </div>
    </nav>
```

接下来在需要导航栏的页面中加入这个文件即可。

随后可以修改之前完成的 templates/website/frontend/header.html 文件，加入导航栏组件。

```
<header>
    {% include 'navbar/navbar_weight.html' %}
    <div class="jumbotron front-header text-white">
        <div class="container">
            <h1>听雨轩</h1>
            <p>  一只喵的故事</p>
            <p><a class="btn btn-danger btn-lg" href="#"
role= "button">  了 解 他 → </a></p>
        </div>
    </div>
</header>
```

将导航栏加在这里，就可以让每一个前端页面都出现导航栏了。

12.3　导航栏管理页面的制作

上一节已经完成了导航栏的前端组件，同样也需要一个页面来帮助我们管理导航栏中的各项内容。

这里主要涉及导航项的添加、修改、展示和删除四个部分，下面逐一给大家介绍。

如图 12-1 所示为导航项的添加功能。

图 12-1　导航项的添加功能

希望在后端实现这样一个简单的页面。用户填写必要信息后单击"添加"按钮，即可通过 Ajax 请求将信息提交，并且清空内容以便用户填写下一个需要添加的项目。

首先来实现后端逻辑。回忆之前与大家分享的 Django 自带的通用视图，可以发现这个应用场景是一个典型的创建模型对象的场景，因此通过继承 CreateView 类来实现我们的创建类。

说到这里大家可能会想到另一个问题，Django 提供的 CreateView 类默认是在保存完对象之后进行跳转，而这里是希望 Django 返回一个 Json 对象告诉我们创建的结果，这个问题应该如何解决呢？

其实答案就在上一节中，对于这样一个定制化的功能需求，也可以通过编写一个通用的 Mixin 类来更改通用视图的一些默认方法。

在这里为大家提供几个在后端项目中可能会经常用到的 Mixin 类。

由于是一些通用的 Mixin 类，因此把它们单独放置。首先在项目文件夹下创建一个名为 utils 的文件夹，并创建一个空的__init__.py 文件，用于标识这个文件夹是一个 Python 包。

接下来，在刚才的 utils 文件夹中创建一个 mixins.py 文件。在这个文件中，实现两个工具性质的 Mixin 类：一个是 AjaxResponseMixin 类，另一个是 AtomicMixin 类。前者用于对 Ajax 请求返回一个 Json 响应，后者用于实现处理逻辑内数据库操作的原子化。

```python
import logging
import traceback


from django.db import transaction
from django.http import JsonResponse


class AjaxResponseMixin(object):
```

```
      def form_invalid(self, form):
          response = super(AjaxResponseMixin,
self).form_invalid(form)
          if self.request.is_ajax():
              data = {
                  'state': 'error',
                  'msg': form.errors
              }
              logging.error(form.errors)
              return JsonResponse(data, status=400)
          else:
              return response


      def form_valid(self, form):
          response = super(AjaxResponseMixin, self).form_valid(form)
          if self.request.is_ajax():
              data = {
                  'state': 'success'
              }
              return JsonResponse(data)
          else:
              return response



  class AtomicMixin(object):
      def dispatch(self, request, *args, **kwargs):
          try:
              with transaction.atomic():
                  return super(AtomicMixin, self).dispatch(request,
*args, **kwargs)
          except Exception as e:
              ret = {
                  "state": 'error',
                  "msg": ""
              }
              logging.error(e)
              ret["msg"] = "内部处理错误，将错误信息截图并且联系系统管理员
<br/><br/>" + traceback.format_exc().replace("\n", "<br/>")
              logging.error("request Exception=\n%s", traceback.
format_exc())
```

```
                    return JsonResponse(ret)
```

在实现完这两个工具类之后，就可以将其用于我们的视图处理类了。

先给出整个导航栏管理部分的 URL 设置 navbar/urls.py，然后逐一实现后续的逻辑。

```
from django.urls import path

from navbar import views

urlpatterns = [
    path('add/', views.NavItemCreateView.as_view(), name='navbar-
add'),
    path('list/', views.NavItemListView.as_view(), name=
'navbar-list'),
    path('<int:pk>/update/', views.NavItemUpdateView.as_view(),
name= 'navbar-update'),
    path('<int:pk>/delete/', views.NavItemDeleteView.as_view(),
name= 'navbar-delete'),
    ]
```

接下来在 navbar/views.py 中实现导航栏的添加逻辑。有了上面两个工具类的帮助，添加逻辑就变得非常简单。

```
class NavItemCreateView(LoginRequiredMixin, AtomicMixin,
AjaxResponseMixin, CreateView):
    login_url = reverse_lazy('user-login')
    model = NavItem
    fields = ['title', 'show_order', 'url']
    template_name_suffix = '_create_form'
    success_url = reverse_lazy('navbar-list')

    def get_context_data(self, **kwargs):
        context = super(NavItemCreateView, self).get_context_
data(**kwargs)
        context['active_page'] = 'navbar-add'
        return context
```

至此，添加导航栏的程序逻辑就完成了。接着实现添加页面的程序，对应程序文件 templates/navbar/navitem_create_form.html。

作为一个后端页面，页面结构整体非常简单，就是一个表单结构。不过需要使用 AJAX 来提交这个表单，手动为添加按钮绑定一个鼠标单击事件并实现对应的提交功能即可。

```
{% extends 'website/backend/backend_base.html' %}

{% block option-title %}
    添加导航项
{% endblock %}

{% block content %}
    <div class="col-md-12">
        <form class="form-horizontal" id="data-form">
            <div class="form-group">
                <label for="title" class="col-sm-3 col-sm-offset-
2 control-label">标题：</label>
                <div class="col-sm-3">
                    <input type="text" id="title" name="title"
class="form-control">
                </div>
            </div>
            <div class="form-group">
                <label for="url" class="col-sm-3 col-sm-offset-2
control-label">指向地址：</label>
                <div class="col-sm-3">
                    <input type="text" id="url" name="url" class=
"form-control">
                </div>
            </div>
            <div class="form-group">
                <label for="show_order" class="col-sm-3 col-sm-
offset-2 control-label">展示顺序：</label>
                <div class="col-sm-3">
                    <input type="number" id="show_order" name=
"show_order" class="form-control">
                </div>
            </div>
            <button class="btn btn-info" id="submit-btn">添加
</button>
            <input type="reset" name="reset" style="display:
none;">
```

```
        </form>
    </div>
    {% include 'utils/modal.html' %}
{% endblock %}


{% block js %}
    <script type="text/javascript">
        $('#submit-btn').click(function (e) {
            e.preventDefault();
            if('' !== $('#title').val()) {
                $.ajax({
                    type: "POST",
                    dataType: 'json',
                    data: $('#data-form').serializeArray(),
                    url:'{% url "navbar-add" %}',
                    success:function(data){
                        var state = data.state;
                        if(state === 'success'){
                            showModal('success', "添加成功");
                        } else {
                            showModal('danger', "添加失败");
                        }
                        $('input[type=reset]').trigger('click');
                    },
                    error: function(data){
                        console.log(data);
                    }
                });
            }
        });
    </script>
{% endblock %}
```

完成了导航栏中导航项的添加功能之后，接下来完成修改功能的程序逻辑。

修改功能的逻辑和添加功能的逻辑几乎一致，区别在于需要继承的通用视图类为 UpdateView。同时在 urls 中需要为这个视图传递 pk 字段（即主键），默认时主键为 id。

```
class NavItemUpdateView(LoginRequiredMixin, AtomicMixin,
AjaxResponseMixin, UpdateView):
```

```
        login_url = reverse_lazy('user-login')
    model = NavItem
    context_object_name = 'navitem'
    template_name_suffix = '_update_form'
    reverse_lazy('navbar-list')
    fields = ['title', 'show_order', 'url']

    def get_context_data(self, **kwargs):
        context = super(NavItemUpdateView, self).get_context_data
(**kwargs)
        context['active_page'] = 'navbar-update'
        return context
```

然后是模板部分的实现 templates/navbar/navitem_update_form.html。

```
    {% extends 'website/backend/backend_base.html' %}

    {% block option-title %}
        更新导航项
    {% endblock %}

    {% block content %}
        <div class="col-md-12">
            <form class="form-horizontal" id="data-form">
                <div class="form-group">
                    <label for="title" class="col-sm-3 col-sm-offset-2
control-label">标题: </label>
                    <div class="col-sm-3">
                        <input type="text" id="title" name="title"
class="form-control" value="{{ navitem.title }}">
                    </div>
                </div>
                <div class="form-group">
                    <label for="url" class="col-sm-3 col-sm-offset-2
control-label">指向地址: </label>
                    <div class="col-sm-3">
                        <input type="text" id="url" name="url"
class="form-control" value="{{ navitem.url }}">
                    </div>
                </div>
                <div class="form-group">
```

```
                <label for="show_order" class="col-sm-3 col-sm-
offset-2 control-label">展示顺序: </label>
                <div class="col-sm-3">
                    <input type="number" id="show_order" name="show_
order" class="form-control" value="{{ navitem.show_order }}">
                </div>
            </div>
            <button class="btn btn-info" id="submit-btn">更新
</button>
        </form>
    </div>
    {% include 'utils/modal.html' %}
  {% endblock %}


  {% block js %}
    <script type="text/javascript">
        $('#submit-btn').click(function (e) {
            e.preventDefault();
            if('' !== $('#title').val()) {
                $.ajax({
                    type: "POST",
                    dataType: 'json',
                    data: $('#data-form').serializeArray(),
                    url:"{% url 'navbar-update' navitem.pk %}",
                    success:function(data){
                        var state = data.state;
                        if(state === 'success') {
                            showModal('success', "更新成功! ");
                        } else {
                            showModal('danger', "更新失败! ");
                        }
                    },
                    error: function(data){
                        console.log(data);
                    }
                });
            }
        });
    </script>
  {% endblock %}
```

随后继续实现导航项的展示逻辑，在后端希望能直观地看到每一个导航项的信息，因此需要一个表格形式的展示页面，如图 12-2 所示。

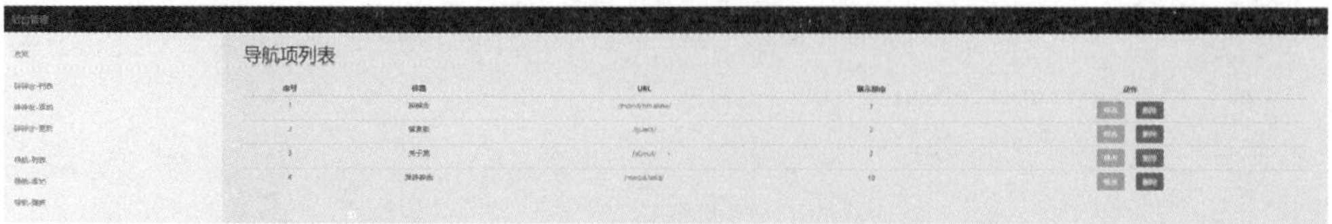

图 12-2　导航项列表页面

回顾之前章节中介绍的有关通用视图的内容，在这个应用场景下，可以通过继承 ListView 来实现所需的功能。

```python
class NavItemListView(LoginRequiredMixin, ListView):
    login_url = reverse_lazy('user-login')
    model = NavItem
    context_object_name = 'navbar_list'

    def get_context_data(self, *, object_list=None, **kwargs):
        context = super(NavItemListView, self).get_context_data
(**kwargs)
        context['active_page'] = 'navbar-list'
        return context
```

整个程序逻辑部分也是非常简单，页面部分也不太复杂。编写如下的程序文件 templates/navbar/navitem_list.html。

```html
{% extends 'website/backend/backend_base.html' %}

{% block option-title %}
    导航项列表
{% endblock %}

{% block content %}
    <div class="col-md-12">
        <table class="table table-hover table-responsive table-
condensed dashboard-table">
            <thead>
                <tr>
                    <th>序号</th>
                    <th>标题</th>
                    <th>URL</th>
```

```html
                    <th>展示顺序</th>
                    <th>动作</th>
                </tr>
            </thead>
            <tbody>
                {% for item in navbar_list %}
                    <tr>
                        <td>{{ forloop.counter }}</td>
                        <td>{{ item.title }}</td>
                        <td><a href="{{ item.url }}">
{{ item.url }}</a></td>
                        <td>{{ item.show_order }}</td>
                        <td>
                            <a href="{% url 'navbar-update' item.pk
%}" class="btn btn-warning" role="button">修改</a>
                             
                            <button class="btn btn-danger" role=
"button" data-id="{{ item.id }}">删除</button>
                        </td>
                    </tr>
                {% endfor %}
            </tbody>
        </table>
    </div>
    {% include 'utils/modal.html' %}
  {% endblock %}


  {% block js %}
    <script type="text/javascript">
        $('.btn-danger').on('click',
            function (e) {
                e.preventDefault();
                var dom_item = this;
                $.ajax({
                    type:"POST",
                    dataType:'json',
                    data:{},
                    url:'{% url "navbar-delete" 00 %}'.replace('0',
this.dataset['id']),
                    success:function(data){
```

```
                        var state = data.state;
                        if(state === 'success'){
                            dom_item.parentElement.parentElement.
setAttribute('hidden','');
                            showModal('success', "删除成功！")
                        }
                    },
                    error:function(data){
                        alert(data);
                    }
                });
            })
    </script>
{% endblock %}
```

需要注意的是，对于删除的程序逻辑，没有再单独作为一个页面出现，仅仅是实现了它后端的程序逻辑，通过访问对应的 URL 提交要删除的 id，即可完成对指定内容的删除。在 navbar/views.py 文件中实现删除的程序逻辑。

```
class NavItemDeleteView(LoginRequiredMixin, AtomicMixin,
AjaxResponseMixin, DeleteView):
    login_url = reverse_lazy('user-login')
    model = NavItem
    success_url = reverse_lazy('navbar-list')

    def delete(self, request, *args, **kwargs):
        super(NavItemDeleteView, self).delete(request, *args,
**kwargs)
        return JsonResponse({'state': 'success', 'msg': ''})
```

最后，把这些页面的链接都添加到后端页面的导航栏中，方便直接访问。我们需要先在导航栏的模板文件夹 templates/navbar/中创建一个名为 navbar_nav.html 的文件。

```
<ul class="nav nav-sidebar">
    <li id="navbar-list"><a href="{% url 'navbar-list' %}">导航-
列表</a> </li>
    <li id="navbar-add"><a href="{% url 'navbar-add' %}">导航-
添加</a> </li>
    <li id="navbar-update"><a href="{% url 'navbar-list' %}">导航-
更新</a> </li>
```

```
    </ul>
```

在后端页面的导航程序文件 templates/website/backend/nav.html 中引入该文件即可。

```
<ul class="nav nav-sidebar">
    <li id="overview"><a href="{% url 'dashboard' %}">总览
</a> </li>
    </ul>


{% include 'navbar/navbar_nav.html' %}
```

至此就完成了导航栏相关的全部功能，这个组件可以在系统中使用了。如果有更多的功能需求，则可以参考这个组件进行一些定制化的开发。

第13章 友情链接组件的实现

本章将实现一个可以复用的友情链接组件，这个组件的具体实现方式和上一章中的导航栏组件较为相似，相同的部分将不作过多赘述。

首先要创建一个友情链接的 APP：

```
python manage.py createapp link
```

同时也在模板文件夹中为这个组件创建一个同名文件夹用于存放模板文件。

13.1 友情链接数据模型的设计

从本质上来讲，友情链接模块其实也是一种导航功能，不过有所区别的是，比起网站内的导航栏，开发者习惯于给友情链接加上一个简单的描述，这部分内容也需要存放在数据库中。

因此，参考前文中对于导航栏组件的设计，我们可以轻松地设计出友情链接的数据模型 link/models.py。

```python
from django.db import models


class Link(models.Model):
    name = models.CharField(max_length=16)
    title = models.CharField(max_length=32, blank=True, null=True)
    url = models.URLField()
    show_order = models.SmallIntegerField(default=1)

    class Meta:
        ordering = ['show_order']

    def __str__(self):
        return self.name
```

13.2　友情链接前端组件的实现

实现好了数据模型之后，与导航栏一样，先来实现前端组件。

先需要实现一个 Mixin 类，对应的文件为 link/mixins.py。在这个 Mixin 类中，需要重写 get_context_data 方法，在上下文字典中给出全部友情链接对象的集合。

```python
from link.models import Link


class LinkListMixin(object):
    def get_context_data(self, *args, **kwargs):
        context = super(LinkListMixin, self).get_context_data(*args,
**kwargs)
        context['link_list'] = Link.objects.all()
        return context
```

实现 Mixin 类之后，接下来实现前端页面的组件，参考程序文件 templates/link/link_weight.html。

```html
<div class="col-md-12 article">
    <div class="col-md-12 text-center">
        <h2 class="category-header">友链</h2>
        <hr>
    </div>
    <div class="col-md-12">
        <ul class="list-unstyled">
            {% for link in link_list %}
                <li>
                    <a href="{{ link.url }}" target="_blank" title=
"{{ link.title }}">
                        <p>
                            <span class="text-left">
                                > {{ link.name }}
                            </span>
                        </p>
                    </a>
                </li>
```

```
        {% empty %}
          <li>
                暂无连接
          </li>
        {% endfor %}
      </ul>
    </div>
</div>
```

与导航栏组件一样，在需要展示友链模块的模板文件中引入这个 html 文件，并让它的视图处理类继承上文中实现的 Mixin 类即可。

13.3　友情链接管理页面的实现

在后端页面部分，对友情链接组件的处理方式和导航组件类似，同样也需要完成添加、修改和列表等几个页面。

首先给出 URL 设置文件 link/urls.py。

```
from django.urls import path
from link import views


urlpatterns = [
    path('add/', views.LinkCreateView.as_view(), name='link-add'),
    path('list/', views.LinkListView.as_view(), name='link-list'),
    path('<int:pk>/update/', views.LinkUpdateView.as_view(),
name= 'link-update'),
    path('<int:pk>/delete/', views.LinkDeleteView.as_view(),
name= 'link-delete')
  ]
```

友情链接添加页面的程序逻辑，参考程序文件 link/views.py。

```
class LinkCreateView(LoginRequiredMixin, AjaxResponseMixin,
CreateView):
    login_url = reverse_lazy('user-login')
    model = Link
    fields = ['name', 'title', 'url', 'show_order']
    template_name_suffix = '_create_form'
    success_url = reverse_lazy('link-list')
```

```
    def get_context_data(self, **kwargs):
        context = super(LinkCreateView, self).get_context_
data(**kwargs)
        context['active_page'] = 'link-add'
        return context
```

添加友情链接页面 templates/link/link_create_form.html。

```
{% extends 'website/backend/backend_base.html' %}

{% block option-title %}
    添加友链
{% endblock %}

{% block content %}
    <div class="col-md-12">
        <form class="form-horizontal" id="data-form">
            <div class="form-group">
                <label for="name" class="col-sm-3 col-sm-offset
-2 control-label">名称：</label>
                <div class="col-sm-3">
                    <input type="text" id="name" name="name"
class="form-control">
                </div>
            </div>
            <div class="form-group">
                <label for="title" class="col-sm-3 col-sm-offset
-2 control-label">说明：</label>
                <div class="col-sm-3">
                    <input type="text" id="title" name="title"
class="form-control">
                </div>
            </div>
            <div class="form-group">
                <label for="url" class="col-sm-3 col-sm-offset
-2 control-label">指向地址：</label>
                <div class="col-sm-3">
                    <input type="text" id="url" name="url"
class="form-control">
                </div>
```

183

```
            </div>
            <div class="form-group">
                <label for="show_order" class="col-sm-3 col-sm-
offset-2 control-label">展示顺序: </label>
                <div class="col-sm-3">
                    <input type="number" id="show_order" name=
"show_order" class="form-control">
                </div>
            </div>
            <button class="btn btn-info" id="submit-btn">添加
</button>
            <input type="reset" name="reset" style="display:
none;">
        </form>
    </div>
    {% include 'utils/modal.html' %}
  {% endblock %}

  {% block js %}
    <script type="text/javascript">
        $('#submit-btn').click(function (e) {
            e.preventDefault();
            if('' !== $('#content').val()) {
                $.ajax({
                    type: "POST",
                    dataType: 'json',
                    data: $('#data-form').serializeArray(),
                    url:'{% url "link-add" %}',
                    success:function(data){
                        var state = data.state;
                        if(state === 'success'){
                            showModal('success', "添加成功");
                        } else {
                            showModal('danger', "添加失败");
                        }
                        $('input[type=reset]').trigger('click');
                    },
                    error: function(data){
                        console.log(data);
                    }
```

```
            });
        }
    });
    </script>
{% endblock %}
```

友情链接的修改逻辑 link/views.py。

```python
class LinkUpdateView(LoginRequiredMixin, AjaxResponseMixin,
UpdateView):
    login_url = reverse_lazy('user-login')
    model = Link
    context_object_name = 'link'
    template_name_suffix = '_update_form'
    success_url = reverse_lazy('link-list')
    fields = ['name', 'title', 'url', 'show_order']

    def get_context_data(self, **kwargs):
        context = super(LinkUpdateView, self).get_context_data
(**kwargs)
        context['active_page'] = 'link-update'
        return context
```

友情链接的修改页面 templates/link/link_update_form.html。

```html
{% extends 'website/backend/backend_base.html' %}

{% block option-title %}
    更新友链
{% endblock %}

{% block content %}
    <div class="col-md-12">
        <form class="form-horizontal" id="data-form">
            <div class="form-group">
                <label for="name" class="col-sm-3 col-sm-offset-
2 control-label">名称：</label>
                <div class="col-sm-3">
                    <input type="text" id="name" name="name"
class="form-control" value="{{ link.name }}">
                </div>
            </div>
        </div>
```

```
            <div class="form-group">
                <label for="title" class="col-sm-3 col-sm-offset-2
control-label">说明：</label>
                <div class="col-sm-3">
                    <input type="text" id="title" name="title"
class="form-control" value="{{ link.title }}">
                </div>
            </div>
            <div class="form-group">
                <label for="url" class="col-sm-3 col-sm-offset-2
control-label">指向地址：</label>
                <div class="col-sm-3">
                    <input type="text" id="url" name="url"
class="form-control" value="{{ link.url }}">
                </div>
            </div>
            <div class="form-group">
                <label for="show_order" class="col-sm-3
col-sm-offset-2 control-label">展示顺序：</label>
                <div class="col-sm-3">
                    <input type="number" id="show_order" name=
"show_order" class="form-control" value="{{ link.show_order }}">
                </div>
            </div>
            <button class="btn btn-info" id="submit-btn">更新
</button>
        </form>
    </div>
    {% include 'utils/modal.html' %}
  {% endblock %}

  {% block js %}
    <script type="text/javascript">
        $('#submit-btn').click(function (e) {
            e.preventDefault();
            if('' !== $('#content').val()) {
                $.ajax({
                    type: "POST",
                    dataType: 'json',
                    data: $('#data-form').serializeArray(),
```

```
                    url:'{% url "link-update" link.id %}',
                    success:function(data){
                        var state = data.state;
                        if(state === 'success'){
                            showModal('success', "更新成功");
                        } else {
                            showModal('danger', "更新失败");
                        }
                    },
                    error: function(data){
                        console.log(data);
                    }
                });
            }
        });
    </script>
{% endblock %}
```

友情链接的删除逻辑 link/views.py。

```
class LinkDeleteView(LoginRequiredMixin, AjaxResponseMixin,
DeleteView):
    login_url = reverse_lazy('user-login')
    model = Link
    success_url = reverse_lazy('link-list')

    def post(self, request, *args, **kwargs):
        super(LinkDeleteView, self).post(request, *args, **kwargs)
        return JsonResponse({'state': 'success'})
```

友情链接展示页面的逻辑 link/views.py。

```
class LinkListView(LoginRequiredMixin, ListView):
    login_url = reverse_lazy('user-login')
    model = Link
    context_object_name = 'link_list'

    def get_context_data(self, *, object_list=None, **kwargs):
        context = super(LinkListView, self).get_context_data
(**kwargs)
        context['active_page'] = 'link-list'
        return context
```

友情链接的展示页面 templates/link/link_list.html。

```
{% extends 'website/backend/backend_base.html' %}

{% block option-title %}
    友链列表
{% endblock %}

{% block content %}
    <div class="col-md-12">
        <table class="table table-hover table-responsive table-
condensed dashboard-table">
            <thead>
                <tr>
                    <th>序号</th>
                    <th>名称</th>
                    <th>说明</th>
                    <th>URL</th>
                    <th>展示顺序</th>
                    <th>动作</th>
                </tr>
            </thead>
            <tbody>
                {% for item in link_list %}
                    <tr>
                        <td>{{ forloop.counter }}</td>
                        <td>{{ item.name }}</td>
                        <td>{{ item.title }}</td>
                        <td><a href="{{ item.url }}">{{ item.url }}
</a></td>
                        <td>{{ item.show_order }}</td>
                        <td>
                            <a href="{% url 'link-update' item.pk %}"
class= "btn btn-warning" role="button">修改</a>
                             
                            <button class="btn btn-danger" role=
"button" data-id="{{ item.id }}">删除</button>
                        </td>
                    </tr>
                {% endfor %}
```

```
            </tbody>
         </table>
      </div>
      {% include 'utils/modal.html' %}
   {% endblock %}


   {% block js %}
      <script type="text/javascript">
         $('.btn-danger').on('click',
            function (e) {
               e.preventDefault();
               var dom_item = this;
               $.ajax({
                  type:"POST",
                  dataType:'json',
                  data:{},
                  url:'{% url "link-delete" 00 %}'.replace('0',
this.dataset['id']),
                  success:function(data){
                     var state = data.state;
                     if(state === 'success'){
         dom_item.parentElement.parentElement.
setAttribute('hidden','');
                        showModal('success', "删除成功！")
                     }
                  },
                  error:function(data){
                     alert(data);
                  }
               });
            })
      </script>
   {% endblock %}
```

最后也需要把这些链接加入到后端页面的导航栏中，参考程序文件
templates/link/link_nav.html。

```
   <ul class="nav nav-sidebar">
      <li id="link-list"><a href="{% url 'link-list' %}">友链-
列表</a></li>
      <li id="link-add"><a href="{% url 'link-add' %}">友链-
```

```
添加</a></li>
    <li id="link-update"><a href="{% url 'link-list' %}">友链-
更新</a> </li>
  </ul>
```

修改 templates/website/backend/nav.html 如下。

```
<ul class="nav nav-sidebar">
    <li id="overview"><a href="{% url 'dashboard' %}">总览</a>
</li>
  </ul>

  {% include 'navbar/navbar_nav.html' %}
  {% include 'link/link_nav.html' %}
```

第 14 章　"碎碎念"组件的实现

本章将带领大家一起完成"碎碎念"组件，即一个类似于 QQ 空间的"说说"组件，可以在这个组件中发表纯文字或者单张图片的图文消息。与之前不同的是，除了管理页面之外，还要专门制作一个时间线页面来展示"碎碎念"。同时前端的组件也不再是显示全部的"碎碎念"而是显示最新的一篇，所以在这两部分的实现上会与之前略有不同。

首先创建 APP。

```
python manage.py careateapp mood
```

接着在模板文件夹下创建与应用同名的模板子文件夹。

14.1　"碎碎念"数据模型的设计

对于"碎碎念"组件的设计，可以把它要处理的信息分为三种类型：第一种为文本，第二种为图片，第三种为引用类型。编写模型文件 mood/models.py。

```python
from django.db import models

MOOD_TYPE_CHOICE = (
    ('T', 'Text'),
    ('I', 'Image'),
    ('B', 'block_quote')
)


class Mood(models.Model):
    title = models.CharField(max_length=128, blank=True, null=True)
    content = models.TextField(blank=True, null=True)
    mood_type = models.CharField(max_length=1, choices=
MOOD_TYPE_CHOICE, default='T')
    image = models.ImageField(upload_to='./image/mood/%Y/%m/%d/',
```

```
null= True, blank=True)
     create_time = models.DateTimeField(auto_now=True)

     def __str__(self):
        return self.content

     class Meta:
        ordering = ['-create_time']
```

14.2 "碎碎念"前端组件的实现

与之前两个组件类似,"碎碎念"的前端组件也是由两个部分组成,一个前端组件的模板文件和一个 Mixin 类。先来实现这个 Mixin 类 mood/mixins.py,这个前端组件显示最新的一条"碎碎念"消息。

```
from mood.models import Mood


class LeastMoodMixin(object):
    def get_context_data(self, *args, **kwargs):
        context = super(LeastMoodMixin, self).
get_context_data(*args, **kwargs)
        last_mood = Mood.objects.last()
        if last_mood:
            context['mood'] = Mood.objects.last()
        return context
```

接下来实现前端页面组件 templates/mood/mood_weight.html。

```
{% load static %}
<div class="col-md-12 article">
    <div class="col-md-12 text-center">
        <h2 class="category-header">碎碎念</h2>
        <hr>
    </div>
    <div class="col-md-12">
        {% if mood.mood_type == 'T' %}
            <p>{{ mood.content }}</p>
        {% elif mood.mood_type == 'I' %}
```

```
            <a href="{% get_media_prefix %}{{ mood.image }}"
target= "_blank">
                <img class="img-responsive" src=
"{{ mood.get_small_image_url }}" />
            </a>
            <p>{{ mood.content }}</p>
        {% else %}
            <blockquote><p>{{ mood.content }}</p></blockquote>
        {% endif %}
    </div>
    <div class="col-md-12">
        <p class="text-right"><small>{{ mood.create_time|date:
"Y-m-d" }} {{ mood.create_time|time:"H:i:s" }}</small></p>
    </div>
    <div class="col-md-12 text-right">
        <hr>
        <a role="button" class="btn btn-warning" href=
"{% url 'mood-time-line' %}">更多</a>
    </div>
</div>
```

14.3　"碎碎念"组件管理页面的实现

与之前两个组件类似，这里需要实现的页面与前两章中的页面类似。

首先完成 URL 设置 mood/urls.py。

```
from django.urls import path
from mood import views


urlpatterns = [
    path('add/', views.MoodCreateView.as_view(), name='mood-add'),
    path('list/', views.MoodListView.as_view(), name='mood-list'),
    path('<int:pk>/update/', views.MoodUpdateView.as_view(),
name= 'mood-update'),
    path('<int:pk>/delete/', views.MoodDeleteView.as_view(),
name= 'mood-delete'),
    path('timeline/', views.MoodTimeLineView.as_view(), name=
'mood-time-line')
```

```
    ]
```

再完成添加页面的程序逻辑 mood/views.py。为了便于手机发表"碎碎念"消息，所以特意为"碎碎念"设计了一个手机专用的前端页面。

在 Django 中应该如何判断用户的设备呢？

其中一种较为常用的方式是使用响应式布局，根据不同分辨率给出不同的页面布局来适应不同的移动端设备。

但是在本书中为大家提供了另外一种方式，通过读取 HTTP 请求中的 User-Agent 来判断用户的来源。

在 Django 中，所有 HTTP 的报头信息都会被放在 request 对象的 META 字典中。

```
    class MoodCreateView(LoginRequiredMixin, AjaxResponseMixin,
CreateView):
        login_url = reverse_lazy('user-login')
        model = Mood
        fields = ['title', 'content', 'mood_type', 'image']
        success_url = reverse_lazy('mood-list')

        def get_context_data(self, **kwargs):
            context = super(MoodCreateView, self).get_context_data
(**kwargs)
            context['active_page'] = 'mood-add'
            return context

        def get_template_names(self):
            if self.request.META['HTTP_USER_AGENT'].lower().
find('mobile') > 0:                          # 获取用户的设备类型
                return 'mood/mode_create_form_mobile.html'
            else:
                return 'mood/mood_create_form.html'
```

在这里通过重写 get_template_names 方法，来判断用户使用的设备类型并返回不同的模板文件名称。

接下来实现两个不同的前端模板文件。

PC 端页面模板文件为 templates/mood/mood_create_form.html。

```
    {% extends 'website/backend/backend_base.html' %}

    {% block option-title %}
```

```
        添加碎碎念
    {% endblock %}


    {% block content %}
        <div class="col-md-12">
            <form class="form-horizontal" id="data-form">
                <div class="form-group">
                    <label for="title" class="col-sm-1 control-label">
标题：</label>
                    <div class="col-sm-9">
                        <input type="text" id="title" name="title"
class= "form-control">
                    </div>
                </div>
                <div class="form-group">
                    <label for="mood_type" class="col-sm-1 control-
label">类型：</label>
                    <div class="col-sm-9">
                        <select name="mood_type" id="mood_type" class=
"form-control">
                            <option value="T">文字</option>
                            <option value="I">图文</option>
                            <option value="B">引用</option>
                        </select>
                    </div>
                </div>
                <div class="form-group">
                    <label for="content" class="col-sm-1 control-label">
内容：</label>
                    <div class="col-sm-9">
                        <textarea name="content" id="content" rows="5"
wrap= "hard" class="form-control"></textarea>
                    </div>
                </div>
                <div class="form-group">
                    <label for="img" class="col-sm-1 control-label">
配图：</label>
                    <div class="col-sm-3">
                        <input type="file" id="image" name="image"
class="form-control">
```

```
            </div>
          </div>
          <button class="btn btn-info" id="submit-btn">添加
</button>
          <input type="reset" name="reset" style="display:
none;">
        </form>
    </div>
    {% include 'utils/modal.html' %}
  {% endblock %}


  {% block js %}
    <script type="text/javascript">
        $('#submit-btn').click(function(e){
          e.preventDefault();
          var options = {
            type:"POST",
            dataType:'json',
            url:'{% url "mood-add" %}',
            success:function(data){
              var state = data.state;
                if(state === 'success'){
                  showModal('success', "添加成功");
                } else {
                  showModal('danger', "添加失败");
                }
                $('input[type=reset]').trigger('click');
            },
            error:function(data){
              console.log(data);
            }
          };
          $('#data-form').ajaxSubmit(options);
        });
    </script>
  {% endblock %}
```

移动端的页面模板文件为 templates/mood/mood_create_form_mobile.html。

```
  {% extends 'website/base.html' %}
  {% load staticfiles %}
```

196

```
{% block title %}{% endblock %}

{% block external_header %}
    <script type="text/javascript" src="{% static 'js/jquery.
form.js' %}"></script>
{% endblock %}

{% block body %}
    {% include 'website/frontend/header.html' %}
    <div class="main-page">
        <div class="container">
            <div class="row">
                <div class="col-md-12 left-content">
                    <div class="col-md-12 article">
                        <form class="form-horizontal" id="data-form">
                            <div class="form-group">
                                <label for="title" class="col-sm-1
control-label">标题: </label>
                                <div class="col-sm-9">
                                    <input type="text" id="title" name=
"title" class="form-control">
                                </div>
                            </div>
                            <div class="form-group">
                                <label for="mood_type" class="col-sm-1
control-label">类型: </label>
                                <div class="col-sm-9">
                                    <select name="mood_type" id=
"mood_type" class="form-control">
                                        <option value="T">文字</option>
                                        <option value="I">图文</option>
                                        <option value="B">引用</option>
                                    </select>
                                </div>
                            </div>
                            <div class="form-group">
                                <label for="content" class="col-sm-
1 control-label">内容: </label>
                                <div class="col-sm-9">
```

```
                                    <textarea name="content" id=
"content" rows="5" wrap="hard" class="form-control"></textarea>
                            </div>
                        </div>
                        <div class="form-group">
                            <label for="img" class="col-sm-1
control- label">配图: </label>
                            <div class="col-sm-3">
                                <input type="file" id="image" name=
"image" class="form-control">
                            </div>
                        </div>
                        <button class="btn btn-info" id="submit-
btn">添加</button>
                        <input type="reset" name="reset" style=
"display: none;">
                    </form>
                </div>
            </div>
            {% include 'utils/modal.html' %}
        </div>
    </div>
</div>
    {% include 'website/frontend/footer.html' %}
{% endblock %}

{% block external_js %}
<script type="text/javascript">
    $('#submit-btn').click(function(e){
        e.preventDefault();
        var options = {
            type:"POST",
            dataType:'json',
            url:'{% url "mood-add" %}',
            success:function(data){
                var state = data.state;
                    if(state === 'success'){
                        showModal('success', "添加成功");
                    } else {
                        showModal('danger', "添加失败");
```

```
                }
                $('input[type=reset]').trigger('click');
            },
            error:function(data){
                console.log(data);
            }
        };
        $('#data-form').ajaxSubmit(options);
    });
</script>
{% endblock %}
```

接下来是修改逻辑 mood/views.py。没有什么特别的地方，与之前类似。

```
class MoodUpdateView(LoginRequiredMixin, AjaxResponseMixin,
UpdateView):
    login_url = reverse_lazy('user-login')
    model = Mood
    context_object_name = 'mood'
    template_name_suffix = '_update_form'
    success_url = reverse_lazy('mood-list')
    fields = ['title', 'content', 'mood_type', 'image']

    def get_context_data(self, **kwargs):
        context = super(MoodUpdateView,
self).get_context_data(**kwargs)
        context['active_page'] = 'mood-update'
        return context
```

修改逻辑相对应的模板文件为 templates/mood/mood_update_form.html。

```
{% extends 'website/backend/backend_base.html' %}
{% load static %}


{% block option-title %}
    更新碎碎念
{% endblock %}

{% block content %}
    <div class="col-md-12">
        <form class="form-horizontal" id="data-form">
            <div class="form-group">
```

```
                        <label for="title" class="col-sm-1 control-label">
标题：</label>
                        <div class="col-sm-9">
                            <input type="text" id="title" name="title"
class="form-control" value="{{ mood.title }}">
                        </div>
                    </div>
                    <div class="form-group">
                        <label for="mood_type" class="col-sm-1 control-
label">类型：</label>
                        <div class="col-sm-9">
                            <select name="mood_type" id="mood_type" class=
"form-control">
                                <option value="T" {% if mood.mood_type ==
'T' %} selected{% endif %}>文字</option>
                                <option value="I" {% if mood.mood_type ==
'I' %} selected{% endif %}>图文</option>
                                <option value="B" {% if mood.mood_type ==
'B' %} selected{% endif %}>引用</option>
                            </select>
                        </div>
                    </div>
                    <div class="form-group">
                        <label for="content" class="col-sm-1 control-
label">内容：</label>
                        <div class="col-sm-9">
                            <textarea name="content" id="content" rows="5"
wrap= "hard" class="form-control">{{ mood.content }}</textarea>
                        </div>
                    </div>
                    <div class="form-group">
                        <label for="img" class="col-sm-1 control-label">
配图：</label>
                        <div class="col-sm-9">
                            <input type="file" id="image" name="image"
class="form-control">
                            {% if mood.image %}
                                <span class="help-block" id="helpBlock">当前
图片：<a href="{% get_media_prefix%}{{ mood.image }}">{%
get_media_prefix%}{{ mood.image }}</a>,不做修改则上面留空。</span>
```

```
                    {% endif %}
                </div>
            </div>
            <button class="btn btn-info" id="submit-btn">添加
</button>
            <input type="reset" name="reset" style="display:
none;">
        </form>
    </div>
    {% include 'utils/modal.html' %}
  {% endblock %}


  {% block js %}
    <script type="text/javascript">
        $('#submit-btn').click(function(e){
            e.preventDefault();
            var options = {
                type:"POST",
                dataType:'json',
                url:'{% url "mood-update" mood.id  %}',
                success:function(data){
                    var state = data.state;
                        if(state === 'success'){
                            showModal('success', "添加成功");
                        } else {
                            showModal('danger', "添加失败");
                        }
                        $('input[type=reset]').trigger('click');
                },
                error:function(data){
                    console.log(data);
                }
            };
            $('#data-form').ajaxSubmit(options);
        });
    </script>
  {% endblock %}
```

删除逻辑 mood/views.py 也与之前几个组件一致。

```
class MoodDeleteView(LoginRequiredMixin, AjaxResponseMixin,
```

```
DeleteView):
    login_url = reverse_lazy('user-login')
    model = Mood
    success_url = reverse_lazy('mood-list')

    def post(self, request, *args, **kwargs):
        super(MoodDeleteView, self).post(request, *args, **kwargs)
        return JsonResponse({'state': 'success'})
```

接着实现展示页面的逻辑和模板。

展示页面的逻辑依然实现在 mood/views.py 中。

```
class MoodListView(LoginRequiredMixin, ListView):
    login_url = reverse_lazy('user-login')
    model = Mood
    context_object_name = 'mood_list'

    def get_context_data(self, *, object_list=None, **kwargs):
        context = super(MoodListView,
self).get_context_data(**kwargs)
        context['active_page'] = 'mood-list'
        return context
```

实现展示页面的模板文件为 templates/mood/mood_list.html。

```
{% extends 'website/backend/backend_base.html' %}
{% load static %}

{% block option-title %}
    碎碎念列表
{% endblock %}

{% block content %}
    <div class="col-md-12">
        <table class="table table-hover table-responsive
table-condensed dashboard-table">
            <thead>
                <tr>
                    <th>序号</th>
                    <th>标题</th>
                    <th>类型</th>
```

```html
                        <th>发布时间</th>
                        <th>内容</th>
                        <th>图片</th>
                        <th>动作</th>
                    </tr>
                </thead>
                <tbody>
                    {% for item in mood_list %}
                        <tr>
                            <td>{{ forloop.counter }}</td>
                            <td>{{ item.title }}</td>
                            <td>{{ item.get_mood_type_display }}</td>
                            <td>{{ item.create_time }}</td>
                            <td>{{ item.content }}</td>
                            <td>
                                {% if item.mood_type == 'I' %}
                                    <button data-url="{% get_media_prefix%}
{{ item.image }}" class="btn btn-info photo-view" role="button" >
查看</button>
                                {% endif %}
                            </td>
                            <td>
                                <a href="{% url 'mood-update' item.pk %}"
class= "btn btn-warning" role="button">修改</a>
                                 
                                <button class="btn btn-danger"
role="button" data-id="{{ item.id }}">删除</button>
                            </td>
                        </tr>
                    {% endfor %}
                </tbody>
            </table>
        </div>
        <div class="modal fade" id="photo-modal" role="dialog"
aria-labelledby="photo-modal">
            <div class="modal-dialog modal-lg" role="document">
                <div class="modal-content">
                    <div class="modal-header">
                        <button type="button" class="close" data-
dismiss="modal" aria-label="Close"><span aria-
```

```
hidden="true">&times;</span></button>
                <h4 class="modal-title">查看图片</h4>
            </div>
            <div class="modal-body">
                <img src="" alt="" id="view-photo" width="100%">
            </div>
            <div class="modal-footer">
                <button type="button" class="btn btn-default"
data-dismiss="modal">关闭</button>
            </div>
        </div>
    </div>
</div>
    {% include 'utils/modal.html' %}
  {% endblock %}


  {% block js %}
    <script type="text/javascript">
        $('.btn-danger').on('click',
          function (e) {
              e.preventDefault();
              var dom_item = this;
              $.ajax({
                  type:"POST",
                  dataType:'json',
                  data:{},
                  url:'{% url "mood-delete" 00 %}'.replace('0',
this. dataset['id']),
                  success:function(data){
                      var state = data.state;
                      if(state === 'success'){
                          dom_item.parentElement.parentElement.
setAttribute('hidden','');
                          showModal('success', "删除成功! ")
                      }
                  },
                  error:function(data){
                      alert(data);
                  }
              });
```

```
        })
    </script>
    <script type="text/javascript">
        $('.photo-view').on('click', function(e) {
            var dom_item = this;
            var photo_item = $('#view-photo');
            photo_item.attr('src', dom_item.dataset['url']);
            $('#photo-modal').modal();
        })
    </script>
{% endblock %}
```

14.4　"碎碎念"前端 TimeLine 页面的实现

实现了"碎碎念"相关的后台管理页面（即后端），接下来实现前端的展示页面，即时间轴页面和相关的程序逻辑。

程序逻辑非常简单。通过重新设置 paginate_by 成员进行分页，指定每一页显示的个数。

修改 mood/views.py 文件，添加如下内容。

```
class MoodTimeLineView(ListView):
    model = Mood
    paginate_by = 20
    template_name = 'mood/mood_time_line.html'
    context_object_name = 'mood_list'
```

由于要用到分页组件，因此先把分页用到的翻页和页码显示部分提取为一个公共组件。

在模板文件夹下的 templates/utils 文件夹中，创建一个名为 pagination.html 的文件。

```
<ul class="pager">
    {% if page_obj.has_previous %}
        <li class="previous">
            <a href="?page={{page_obj.previous_page_number}}">
&larr; 上一页</a>
        </li>
    {% else %}
        <li class="previous disabled">
```

```
                <a>&larr; 上一页</a>
            </li>
        {% endif %}

        <li class="page-number">{{page_obj.number}}/{{page_obj.
paginator. num_pages}}</li>

        {% if  page_obj.has_next%}
            <li class="next">
                <a href="?page={{page_obj.next_page_number}}">下一页
&rarr;</a>
            </li>
        {% else %}
            <li class="next disabled">
                <a>下一页 &rarr;</a>
            </li>
        {% endif %}
    </ul>
```

在需要使用分页组件的地方引入上面这个模板文件即可。

实现 Timeline 页面和相关静态文件为 templates/mood/mood_time_line.html。

```
{% extends 'website/frontend/frontend_base.html' %}
{% load static %}


{% block title %}
    碎碎念
{% endblock %}

{% block external_header %}
    <script type="text/javascript" src="{% static 'js/timeline.js'
%}"></script>
    <link rel="stylesheet" href="{% static 'css/timeline.css' %}">
    <link rel="stylesheet" href="{% static 'css/font-awesome.min.
css' %}">
    {% endblock %}

{% block left %}
    <div class="col-md-12 timelinebox">
        <div class="timeline animated">
```

```
            {% for mood in mood_list %}
                <div class="timeline-row">
                    <div class="timeline-time"><small>{{ mood.
create_time| date:"Y-m-d" }}</small>{{ mood.create_time|time:"H:i:
s" }}</div>
                    <div class="timeline-icon">
                        {% if mood.mood_type == 'T' %}
                            <div class="bg-primary"><i class="fa
fa-pencil"> </i></div>
                        {% elif mood.mood_type == 'B' %}
                            <div class="bg-warning"><i class="fa
fa-quote-right"></i></div>
                        {% elif mood.mood_type == 'I' %}
                            <div class="bg-info"><i class="fa
fa-camera"></i> </div>
                        {% endif %}
                    </div>
                    <div class="panel timeline-content">
                        <div class="panel-body">
                            {% if mood.title %}
                                <h2>{{ mood.title }}</h2>
                            {% endif %}
                            {% if mood.mood_type == 'B' %}
                                <blockquote>
                                    <p>{{ mood.content }}</p>
                                </blockquote>
                            {% elif mood.mood_type == 'I' %}
                                <a href="{% get_media_prefix %}
{{ mood.image }}" target="_blank">
                                    <img class="img-responsive" src=
"{{ mood.get_small_image_url }}" />
                                </a>
                                <p>{{ mood.content }}</p>
                            {% else %}
                                <p>{{ mood.content }}</p>
                            {% endif %}
                        </div>
                    </div>
                </div>
            {% endfor %}
```

```
        </div>
    </div>
{% endblock %}
```

website/static/css/timeline.css 和 website/static/js/timeline.js 是 Timeline 组件配套的静态文件，我们也提供了相应的实现，大家可以从 GitHub 中下载，但是它们的实现细节不在本书中展开讲解。

第 15 章　文章组件的实现

本章将带领大家来实现博客网站范例中的文章组件，它也是整个系统中最为复杂的部分。

在博客网站中一般会有两种文章：一种是博主所写的博文，我们希望这些文章按照一定的分类或者标签归档，可以出现在日志列表中；还有一种文章是一些纯页面，这是一些不会经常改动的页面，往往以一个固定的链接形式出现，比如博主的个人介绍之类的页面。

和之前一样，首先创建文章组件的 APP。

```
python manage.py createapp article
```

15.1　文章数据模型的设计

在文章组件中至少需要 3 个模型，分别为文章分类、博文和静态页面。

博文和静态页面中有大量的相同属性，因而可以使用继承的方式来设计可复用的代码。

在之前的章节中，我们了解到每一个模型类会与数据库中具体的一张数据表相对应。然而，对于继承的基类，则无需产生一张全新的数据表，只要在基类的 Meta 类中将 abstract 属性设置为 True 即可。这样 Django 就知道这个类是一个用于继承的基类，而不是一个实体的模型类了。编写 article/models.py：

```python
from django.contrib.auth.models import User
from django.db import models


class Category(models.Model):
    name = models.CharField(max_length=32)

    def __str__(self):
        return self.name
```

```
class Essay(models.Model):
    title = models.CharField(max_length=128)
    publish_time = models.DateTimeField(auto_now_add=True)
    modification_time = models.DateTimeField(auto_now=True)
    show_times = models.IntegerField(default=0)

    class Meta:
        abstract = True  # 设置为 True，Django 就不会创建对应的数据表
        ordering = ['-publish_time']

    def __str__(self):
        return self.title



class Blog(Essay):
    category = models.ForeignKey(Category, on_delete=models.
SET_NULL, null=True)
    author = models.ForeignKey(User, on_delete=models.SET_NULL,
null=True)
    summary = models.TextField()
    content = models.TextField()



class PurePage(Essay):
content = models.TextField()
```

15.2　文章分类前端组件的实现

首先来实现文章分类相关的前端页面组件：templates/article/category_weight .html。

文章分类的前端组件非常简单，它的作用就是作为文章目录的索引，用户可以根据分类来查看特定分类的文章。

```
<div class="col-md-12 article">
    <div class="col-md-12 text-center">
        <h2 class="category-header">目录</h2>
```

```
          <hr>
      </div>
      <div class="col-md-12">
        <ul class="list-unstyled">
          {% for category in category_list %}
              <li>
                <a href="{% url 'category-article-list'
category. id %}">
                    <p>
                        <span class="text-left">
                          > {{ category.name }}
                        </span>
                        <span class="text-right" style=
"float: right">
                            <span class="badge">{{ category.
blog_number }} </span>
                        </span>
                    </p>
                </a>
              </li>
          {% empty %}
              <li>
                <p>
                    <span class="text-left">
                      > 暂无分类
                    </span>
                </p>
              </li>
          {% endfor %}
        </ul>
      </div>
  </div>
```

与之前一样，同样需要编写一个 Mixin 类来为这个组件提供相应的数据 article/mixins.py。

```
from article.models import Category
from django.db.models import Count



class CategoryMixin(object):
```

```
def get_context_data(self, *args, **kwargs):
        context = super(CategoryMixin, self).get_context_data
(*args, **kwargs)
        context['category_list'] = Category.objects.annotate
(blog_number = Count('blog')).order_by('name')
        return context
```

15.3　文章分类管理的页面

文章分类管理的页面和之前的各类的实现都很像，在这里就不过多介绍，直接给出实现过程。

文章分类创建的页面为 templates/article/category_create_form.html。

```
{% extends 'website/backend/backend_base.html' %}

{% block option-title %}
    添加文章分类
{% endblock %}

{% block content %}
    <div class="col-md-12">
        <form class="form-horizontal" id="data-form">
            <div class="form-group">
                <label for="name" class="col-sm-3 col-sm-offset-
2 control-label">名称：</label>
                <div class="col-sm-3">
                    <input type="text" id="name" name="name"
class="form-control" required>
                </div>
            </div>
            <button class="btn btn-info" id="submit-btn">添加
</button>
            <input type="reset" name="reset" style="display:
none;">
        </form>
    </div>
    {% include 'utils/modal.html' %}
{% endblock %}
```

212

```
{% block js %}
    <script type="text/javascript">
        $('#submit-btn').click(function(e){
            e.preventDefault();
            var options = {
                type:"POST",
                dataType:'json',
                url:'{% url "category-add" %}',
                success:function(data){
                    var state = data.state;
                        if(state === 'success'){
                            showModal('success', "添加成功");
                        } else {
                            showModal('danger', "添加失败");
                        }
                        $('input[type=reset]').trigger('click');
                },
                error:function(data){
                    console.log(data);
                }
            };
            $('#data-form').ajaxSubmit(options);
        });
    </script>

{% endblock %}
```

创建分类的后端逻辑 article/views.py。

```
class CategoryCreateView(LoginRequiredMixin, AjaxResponseMixin,
CreateView):
    login_url = reverse_lazy('user-login')
    model = Category
    fields = ['name']
    template_name_suffix = '_create_form'
    success_url = reverse_lazy('category-list')

    def get_context_data(self, **kwargs):
        context = super(CategoryCreateView, self).get_context_data
(**kwargs)
        context['active_page'] = 'category-add'
```

```
        return context
```

实现分类的修改页面 templates/article/category_update_form.html。

```
{% extends 'wcbsite/backend/backend_base.html' %}

{% block option-title %}
    更新文章分类
{% endblock %}

{% block content %}
    <div class="col-md-12">
        <form class="form-horizontal" id="data-form">
            <div class="form-group">
                <label for="name" class="col-sm-3 col-sm-offset-
2 control-label">名称：</label>
                <div class="col-sm-3">
                    <input type="text" id="name" name="name" class=
"form-control" required value="{{ category.name }}">
                </div>
            </div>
            <button class="btn btn-info" id="submit-btn">更新
</button>
        </form>
    </div>
    {% include 'utils/modal.html' %}
{% endblock %}

{% block js %}
    <script type="text/javascript">
        $('#submit-btn').click(function(e){
            e.preventDefault();
            var options = {
                type:"POST",
                dataType:'json',
                url:'{% url "category-update" category.pk %}',
                success:function(data){
                    var state = data.state;
                        if(state === 'success'){
                            showModal('success', "更新成功");
                        } else {
```

```
                                    showModal('danger', "更新失败");
                        }
                },
                error:function(data){
                    console.log(data);
                }
            };
            $('#data-form').ajaxSubmit(options);
        });
    </script>

{% endblock %}
```

创建分类更新的后端逻辑 article.py。

```python
class CategoryUpdateView(LoginRequiredMixin, AjaxResponseMixin,
UpdateView):
    login_url = reverse_lazy('user-login')
    model = Category
    context_object_name = 'category'
    template_name_suffix = '_update_form'
    success_url = reverse_lazy('category-list')
    fields = ['name']

    def get_context_data(self, **kwargs):
        context = super(CategoryUpdateView, self).get_context_data
(**kwargs)
        context['active_page'] = 'category-update'
        return context
```

创建分类列表的页面 templates/article/category_list.html。

```
{% extends 'website/backend/backend_base.html' %}

{% block option-title %}
    分类列表
{% endblock %}

{% block content %}
    <div class="col-md-12">
        <table class="table table-hover table-responsive table-
condensed dashboard-table">
```

215

```
                <thead>
                    <tr>
                        <th>序号</th>
                        <th>类别名称</th>
                        <th>动作</th>
                    </tr>
                </thead>
                <tbody>
                    {% for item in category_list %}
                        <tr>
                            <td>{{ forloop.counter }}</td>
                            <td>{{ item.name }}</td>
                            <td>
                                <a href="{% url 'category-update' item.pk
%}" class="btn btn-warning" role="button">修改</a>
                                 
                                <button class="btn btn-danger" role=
"button" data-id="{{ item.id }}">删除</button>
                            </td>
                        </tr>
                    {% endfor %}
                </tbody>
            </table>
        </div>
        {% include 'utils/modal.html' %}
    {% endblock %}

    {% block js %}
        <script type="text/javascript">
            $('.btn-danger').on('click',
                function (e) {
                    e.preventDefault();
                    var dom_item = this;
                    $.ajax({
                        type:"POST",
                        dataType:'json',
                        data:{},
                        url:'{% url "category-delete" 00 %}'.replace('0',
this.dataset['id']),
                        success:function(data){
```

```
                            var state = data.state;
                            if(state === 'success'){
                                dom_item.parentElement.parentElement.
setAttribute('hidden','');
                                showModal('success', "删除成功！")
                            }
                        },
                        error:function(data){
                            alert(data);
                        }
                    });
                })
    </script>
  {% endblock %}
```

创建分类列表的逻辑 article/views.py。

```
class CategoryListView(LoginRequiredMixin, ListView):
    login_url = reverse_lazy('user-login')
    model = Category
    context_object_name = 'category_list'

    def get_context_data(self, *, object_list=None, **kwargs):
        context = super(CategoryListView, self).get_context_data
(**kwargs)
        context['active_page'] = 'category-list'
        return context
```

创建分类列表的删除逻辑 article/views.py。

```
class CategoryDeleteView(LoginRequiredMixin, AjaxResponseMixin,
DeleteView):
    login_url = reverse_lazy('user-login')
    model = Category
    success_url = reverse_lazy('category-list')

    def post(self, request, *args, **kwargs):
        super(CategoryDeleteView, self).post(request, *args,
**kwargs)
        return JsonResponse({'state': 'success'})
```

创建文章分类的管理页面导航 templates/article/category_nav.html。

217

```
    <ul class="nav nav-sidebar">
        <li id="category-list"><a href="{% url 'category-list' %}">
文章类别-列表</a></li>
        <li id="category-add"><a href="{% url 'category-add' %}">
文章类别-添加</a></li>
        <li id="category-update"><a href="{% url 'category-list'
%}">文章类别-更新</a></li>
    </ul>
```

15.4　文章管理页面

静态文章的创建页面 templates/article/purepage_create_form.html。

```
{% extends 'website/backend/backend_base.html' %}

{% block option-title %}
    添加静态页面
{% endblock %}

{% block content %}
    <div class="col-md-12">
        <form class="form-horizontal" id="data-form">
            <div class="form-group">
                <label for="title" class="col-sm-1 control-label">
标题: </label>
                <div class="col-sm-9">
                    <input type="text" id="title" name="title"
class="form-control" required>
                </div>
            </div>
            <div class="form-group">
                <label for="editor_id" class="col-sm-1 control-
label">内容: </label>
                <div class="col-sm-9">
                    <textarea id="editor_id" name="content" style=
"width: 100%;height:300px;">

                    </textarea>
                </div>
```

```
            </div>

            <script>
                    KindEditor.ready(function(K) {
                            window.editor = K.create('#editor_id', {
                                'uploadJson':'{% url 'image-upload' %}',
                            });
                    });
            </script>

            <button class="btn btn-info" id="submit-btn">添加
</button>
            <input type="reset" name="reset" style="display: none;">
        </form>
    </div>
    {% include 'utils/modal.html' %}
  {% endblock %}


  {% block js %}
    <script type="text/javascript">
        $('#submit-btn').click(function(e){
            editor.sync();
            e.preventDefault();
            var options = {
                type:"POST",
                dataType:'json',
                url:'{% url "pure-page-add" %}',
                success:function(data){
                    var state = data.state;
                        if(state === 'success'){
                            showModal('success', "添加成功");
                        } else {
                            showModal('danger', "添加失败");
                        }
                        $('input[type=reset]').trigger('click');
                },
                error:function(data){
                    console.log(data);
                }
            };
```

```
        $('#data-form').ajaxSubmit(options);
    });
</script>


{% endblock %}
```

在这里使用了一个名为 KindEditor 的开源富文本编辑器，这样博客网站中的文章就可以支持富文本的编排了。

需要为支持富文本的图片上传功能专门编写一个接口。接口逻辑非常简单，接收图片上传，将图片按照预设规则存储在磁盘上并且给出图片的回调地址。

需要注意的是，在处理存储文件这一步骤时，不需要自行去执行文件操作，应该调用文件存储接口，这样的好处是：如果在一些特定的情况下需要使用第三方的存储引擎，那么只要修改 settings 中对应的设置而无需再对代码进行额外的修改。

下面是上传图片部分的代码实现过程。

```
@csrf_exempt
def image_upload_view(request):
    if request.method != 'POST':
        return JsonResponse({'error': 1, 'message': 'method
error'})
    else:
        img = request.FILES.get('imgFile', None)
        if img:
            storage = default_storage
            today = datetime.datetime.today()
            random_file_name = uuid4()
            file_suffix = img.name.split('.')[-1]
            file_path = '%d/%d/%d/%s.%s' % (today.year, today.month,
today.day, random_file_name, file_suffix)
            path = os.path.join(settings.MEDIA_PATH, file_path)
            storage.save(path, img)
            return JsonResponse({"error": 0, "url":
settings.MEDIA_URL + file_path})
```

在文章内容字段中存储的是由富文本编辑器生成的 HTML 代码。在保存操作的程序逻辑上无需特别处理。

```
class PurePageCreateView(LoginRequiredMixin, AjaxResponseMixin,
```

```
CreateView):
    login_url = reverse_lazy('user-login')
    model = PurePage
    template_name_suffix = '_create_form'
    fields = ['title', 'content']
    success_url = reverse_lazy('pure-page-list')

    def get_context_data(self, **kwargs):
        context = super(PurePageCreateView, self).get_context_data
(**kwargs)
        context['active_page'] = 'pure-page-add'
        return context
```

　　静态文章更新页面的实现也相对比较简单，需要注意的是在给预设的 textarea 传送参数时，需要给 content 字段调用 safe 过滤器才能使其正确地解析为 HTML 文本，否则将会变成转义后的纯文本。

　　编写静态网页的更新页面 templates/article/purepage_update_form.html。

```
{% extends 'website/backend/backend_base.html' %}

{% block option-title %}
    添加静态页面
{% endblock %}

{% block content %}
    <div class="col-md-12">
        <form class="form-horizontal" id="data-form">
            <div class="form-group">
                <label for="title" class="col-sm-1 control-label">
标题: </label>
                <div class="col-sm-9">
                    <input type="text" id="title" name="title"
class="form-control" required value="{{ page.title }}">
                </div>
            </div>
            <div class="form-group">
                <label for="editor_id" class="col-sm-1 control-
label">内容: </label>
                <div class="col-sm-9">
                    <textarea id="editor_id" name="content" style=
```

```
"width: 100%;height:300px;">
                        {{ page.content|safe }}
                </textarea>
            </div>
        </div>

        <script>
                KindEditor.ready(function(K) {
                        window.editor = K.create('#editor_id', {
                            'uploadJson':'{% url 'image-upload' %}',
                        });
                    });
        </script>

        <button class="btn btn-info" id="submit-btn">修改
</button>
        <input type="reset" name="reset" style="display:
none;">
    </form>
  </div>
  {% include 'utils/modal.html' %}
{% endblock %}

{% block js %}
  <script type="text/javascript">
    $('#submit-btn').click(function(e){
        editor.sync();
        e.preventDefault();
        var options = {
            type:"POST",
            dataType:'json',
            url:'{% url "pure-page-update" page.pk %}',
            success:function(data){
                var state = data.state;
                    if(state === 'success'){
                        showModal('success', "修改成功");
                    } else {
                        showModal('danger', "修改失败");
                    }
            },
```

```
                error:function(data){
                    console.log(data);
                }
            };
            $('#data-form').ajaxSubmit(options);
        });
    </script>


{% endblock %}
```

静态文章页面的更新逻辑如下。

```
class PurePageUpdateView(LoginRequiredMixin, AjaxResponseMixin,
UpdateView):
    login_url = reverse_lazy('user-login')
    model = PurePage
    template_name_suffix = '_update_form'
    context_object_name = 'page'
    fields = ['title', 'content']
    success_url = reverse_lazy('pure-page-list')

    def get_context_data(self, **kwargs):
        context = super(PurePageUpdateView, self).get_context_data
(**kwargs)
        context['active_page'] = 'pure-page-update'
        return context
```

创建静态文章的列表页面。

```
{% extends 'website/backend/backend_base.html' %}

{% block option-title %}
    静态文章列表
{% endblock %}

{% block content %}
    <div class="col-md-12">
        <table class="table table-hover table-responsive table-
condensed dashboard-table">
            <thead>
                <tr>
```

```html
                <th>序号</th>
                <th>标题</th>
                <th>发布时间</th>
                <th>修改时间</th>
                <th>绝对路径</th>
                <th>动作</th>
            </tr>
        </thead>
        <tbody>
            {% for item in page_list %}
            <tr>
                <td>{{ forloop.counter }}</td>
                <td>{{ item.title }}</td>
                <td>{{ item.publish_time }}</td>
                <td>{{ item.modification_time }}</td>
                <td>{{ item.get_absolute_url }}</td>
                <td>
                    <a href="{% url 'pure-page-update'
item.pk %}" class="btn btn-warning" role="button">修改</a>
                     
                    <button class="btn btn-danger" role=
"button" data-id="{{ item.id }}">删除</button>
                </td>
            </tr>
            {% endfor %}
        </tbody>
    </table>
</div>
{% include 'utils/modal.html' %}
{% endblock %}

{% block js %}
<script type="text/javascript">
    $('.btn-danger').on('click',
        function (e) {
            e.preventDefault();
            var dom_item = this;
            $.ajax({
                type:"POST",
                dataType:'json',
```

```
                    data:{},
                    url:'{% url "pure-page-delete" 00 %}'.replace
('0', this.dataset['id']),
                    success:function(data){
                        var state = data.state;
                        if(state === 'success'){
                            dom_item.parentElement.parentElement.
setAttribute('hidden','');
                            showModal('success', "删除成功! ")
                        }
                    },
                    error:function(data){
                        alert(data);
                    }
                });
            })
    </script>
{% endblock %}
```

创建静态文章列表页面的逻辑。

```
class PurePageListView(LoginRequiredMixin, ListView):
    login_url = reverse_lazy('user-login')
    model = PurePage
    context_object_name = 'page_list'
    template_name = 'article/purepage_list.html'

    def get_context_data(self, *, object_list=None, **kwargs):
        context = super(PurePageListView, self).get_context_data
(**kwargs)
        context['active_page'] = 'pure-page-list'
        return context
```

创建静态文章的删除逻辑。

```
class PurePageDeleteView(LoginRequiredMixin, AjaxResponseMixin,
DeleteView):
    login_url = reverse_lazy('user-login')
    model = PurePage
    success_url = reverse_lazy('pure-page-list')

    def post(self, request, *args, **kwargs):
```

```
        super(PurePageDeleteView, self).post(request, *args,
**kwargs)
        return JsonResponse({'state': 'success'})
```

创建静态文章的导航栏。

```
<ul class="nav nav-sidebar">
    <li id="pure-page-list"><a href="{% url 'pure-page-list' %}"
>静态页面-列表</a></li>
    <li id="pure-page-add"><a href="{% url 'pure-page-add' %}">
静态页面-添加</a></li>
    <li id="pure-page-update"><a href="{% url 'pure-page-list'
%}">静态页面-更新</a></li>
</ul>
```

最后就是博文相关的页面了。

首先是博文的创建页面 templates/article/blog_create_form.html。

```
{% extends 'website/backend/backend_base.html' %}

{% block option-title %}
    添加文章
{% endblock %}

{% block content %}
    <div class="col-md-12">
        <form class="form-horizontal" id="data-form">
            <div class="form-group">
                <label for="title" class="col-sm-1 control-label">
标题: </label>
                <div class="col-sm-9">
                    <input type="text" id="title" name="title"
class="form-control" required>
                </div>
            </div>
            <div class="form-group">
                <label for="category" class="col-sm-1 control-
label">分类: </label>
                <div class="col-sm-9">
                    <select name="category" id="category" class=
"form-control">
```

```
                        {% for category in category_list %}
                            <option value="{{ category.id }}">
{{ category.name }}</option>
                        {% endfor %}
                    </select>
                </div>
            </div>
            <div class="form-group">
                <label for="summary" class="col-sm-1 control-
label">摘要：</label>
                <div class="col-sm-9">
                    <textarea name="summary" id="summary" rows="5"
wrap= "hard" class="form-control"></textarea>
                </div>
            </div>
            <div class="form-group">
                <label for="editor_id" class="col-sm-1 control-
label">内容：</label>
                <div class="col-sm-9">
                    <textarea id="editor_id" name="content" style=
"width: 100%;height:300px;">


                    </textarea>
                </div>
            </div>

            <script>
                KindEditor.ready(function(K) {
                    window.editor = K.create('#editor_id', {
                        'uploadJson':'{% url 'image-upload' %}',
                    });
                });
            </script>

            <button class="btn btn-info" id="submit-btn">添加
</button>
            <input type="reset" name="reset" style="display:
none;">
        </form>
    </div>
```

```
        {% include 'utils/modal.html' %}
    {% endblock %}


    {% block js %}
        <script type="text/javascript">
            $('#submit-btn').click(function(e){
                e.preventDefault();
                var options = {
                    type:"POST",
                    dataType:'json',
                    url:'{% url "blog-add" %}',
                    success:function(data){
                        var state = data.state;
                            if(state === 'success'){
                                showModal('success', "添加成功");
                            } else {
                                showModal('danger', "添加失败");
                            }
                            $('input[type=reset]').trigger('click');
                    },
                    error:function(data){
                        console.log(data);
                    }
                };
                $('#data-form').ajaxSubmit(options);
            });
        </script>



    {% endblock %}
```

实现创建博文的程序逻辑。

```
    class BlogCreateView(LoginRequiredMixin, AjaxResponseMixin,
CreateView):
        login_url = reverse_lazy('user-login')
        model = Blog
        template_name_suffix = '_create_form'
        fields = ['title', 'content', 'summery', 'category']
        success_url = reverse_lazy('blog-list-personal')
```

```
    def get_context_data(self, **kwargs):
        context = super(BlogCreateView, self).get_context_data
(**kwargs)
        context['active_page'] = 'blog-add'
        context['category_list'] = Category.objects.all()
        return context

    def form_valid(self, form):
        form.instance.author = self.request.user
        form.instance.show_times = 0
        return super(BlogCreateView, self).form_valid(form)
```

这里有一个额外的事项需要注意，因为要展示出这篇文章的阅读次数，所以在创建文章时要给这个展示次数设置一个默认值 0。因此，需要重写 form_valid 方法来完成这部分逻辑。

实现更新博文的页面 templates/article/blog_update_form.html。

```
{% extends 'website/backend/backend_base.html' %}

{% block option-title %}
    更新文章
{% endblock %}

{% block content %}
    <div class="col-md-12">
        <form class="form-horizontal" id="data-form">
            <div class="form-group">
                <label for="title" class="col-sm-1 control-label">
标题：</label>
                <div class="col-sm-9">
                    <input type="text" id="title" name="title"
class="form-control" required value="{{ blog.title }}">
                </div>
            </div>
            <div class="form-group">
                <label for="category" class="col-sm-1 control-
label">分类：</label>
                <div class="col-sm-9">
                    <select name="category" id="category" class=
"form-control">
```

```
                    {% for category in category_list %}
                        <option value="{{ category.id }}" {% if
blog.category_id == category.id %}
                            selected
                        {% endif %} >{{ category.name }}</option>
                    {% endfor %}
                </select>
            </div>
        </div>
        <div class="form-group">
            <label for="summary" class="col-sm-1 control-
label">摘要：</label>
            <div class="col-sm-9">
                <textarea name="summary" id="summary" rows="5"
wrap= "hard" class="form-control">{{ blog.summary }}</textarea>
            </div>
        </div>
        <div class="form-group">
            <label for="editor_id" class="col-sm-1 control-
label">内容：</label>
            <div class="col-sm-9">
                <textarea id="editor_id" name="content" style=
"width: 100%;height:300px;">
                    {{ page.content|safe }}
                </textarea>
            </div>
        </div>

        <script>
            KindEditor.ready(function(K) {
                window.editor = K.create('#editor_id', {
                 'uploadJson':'{% url 'image-upload' %}',
            });
            });
        </script>

        <button class="btn btn-info" id="submit-btn">更新
</button>
        </form>
    </div>
```

```
        {% include 'utils/modal.html' %}
    {% endblock %}


    {% block js %}
        <script type="text/javascript">
            $('#submit-btn').click(function(e){
                e.preventDefault();
                var options = {
                    type:"POST",
                    dataType:'json',
                    url:'{% url "blog-update" blog.pk %}',
                    success:function(data){
                        var state = data.state;
                            if(state === 'success'){
                                showModal('success', "更新成功");
                            } else {
                                showModal('danger', "更新失败");
                            }
                    },
                    error:function(data){
                        console.log(data);
                    }
                };
                $('#data-form').ajaxSubmit(options);
            });
        </script>



    {% endblock %}
```

实现更新博文的程序逻辑。

```
    class BlogUpdateView(LoginRequiredMixin, AjaxResponseMixin,
UpdateView):
        login_url = reverse_lazy('user-login')
        model = Blog
        context_object_name = 'blog'
        template_name_suffix = '_update_form'
        success_url = reverse_lazy('blog-list-personal')
        fields = ['title', 'category', 'summary', 'content']
```

```python
    def dispatch(self, request, *args, **kwargs):
        user = request.user
        blog = Blog.objects.get(pk=kwargs.get('pk'))
        if blog.author != user:
            raise Http404
        else:
            return super(BlogUpdateView, self).dispatch(request,
*args, **kwargs)

    def get_context_data(self, **kwargs):
        context = super(BlogUpdateView, self).get_context_data
(**kwargs)
        context['active_page'] = 'blog-update'
        context['category_list'] = Category.objects.all()
        return context
```

实现博文删除的程序逻辑。

```python
    class BlogDeleteView(LoginRequiredMixin, AjaxResponseMixin,
DeleteView):
        login_url = reverse_lazy('user-login')
        model = Blog
        success_url = reverse_lazy('blog-list-personal')

        def dispatch(self, request, *args, **kwargs):
            user = request.user
            blog = Blog.objects.get(pk=kwargs.get('pk'))
            if blog.author != user:
                raise Http404
            else:
                return super(BlogDeleteView, self).dispatch(request,
*args, **kwargs)

        def post(self, request, *args, **kwargs):
            super(BlogDeleteView, self).post(request, *args, **kwargs)
            return JsonResponse({'state': 'success'})
```

实现博文后台管理页面的导航栏 templates/article/blog_nav.html。

```html
    <ul class="nav nav-sidebar">
        <li id="blog-list"><a href="{% url 'blog-list- backend %}">
文章-列表</a></li>
```

```
      <li id="blog-add"><a href="{% url 'blog-add' %}">文章-
添加</a></li>
      <li id="blog-update"><a href="{% url 'blog-list-backend%}">
文章-更新</a></li>
  </ul>
```

最后实现 URL 设置 article/urls.py。

```
from django.urls import path
from article import views


urlpatterns = [
    path('category/add/', views.CategoryCreateView.as_view(),
name='category -add'),
    path('category/list/', views.CategoryListView.as_view(),
name='category- list'),
    path('category/<int:pk>/update/', views.CategoryUpdateView.
as_view(), name='category-update'),
    path('category/<int:pk>/delete/', views.CategoryDeleteView.
as_view(), name='category-delete'),
    path('category/<int:pk>/list/', views.CategoryArticleListView.
as_view(),name='category-article-list'),

    path('blog/add/', views.BlogCreateView.as_view(), name=
'blog-add'),
    path('blog/<int:pk>/update', views.BlogUpdateView.as_view(),
name= 'blog- update'),
    path('blog/<int:pk>/delete', views.BlogDeleteView.as_view(),
name= 'blog- delete'),
    path('blog/<int:pk>/detail/$', views.BlogDetailView.as_view(),
name= 'blog- detail'),
    path('blog/list/list/backend/', views.BackendBlogListView.
as_view(), name='blog-list-backend'),

    path('pure_page/add/', views.PurePageCreateView.as_view(),
name= 'pure- page-add',),
    path('pure_page/<int:pk>/update/', views.PurePageUpdateView.
as_view(), name='pure-page-update'),
    path('pure_page/<int:pk>/delete/', views.PurePageDeleteView.
as_view(), name='pure-page-delete'),
    path('pure_page/list/backend/',views.PurePageListView.as_view(),
```

```
name= 'pure-page-list'),

    path('upload/', views.image_upload_view, name='image-upload')
]
```

至此，导航栏有关的后台部分就完成了，接下来将介绍与文章有关的前端页面的实现方式。

15.5　文章前端组件的实现

为了让文章列表页面更加美观，而不是简单罗列文章的标题。我们在前端的文章列表页面中将每一篇文章展示为一个标签，其中显示文章的一些基本信息和文章摘要，同时，为了让摘要部分看起来比较美观，就选择 markdown 的展示方式。

如果要支持 markdown 的展示方式，需要在展示前将数据库中的 markdown 文本转换为 HTML 代码才行，这里使用 Django 模板的自定义标签功能来实现。

首先在 article 目录下创建一个名为 templatetags 的文件夹，并创建一个名为 custom_template_tag.py 的文件用于存放自定义标签。

```
from django import template
from markdown import markdown


register = template.Library()



@register.simple_tag
def markdown2html(content):
return markdown(content)
```

在执行完这一步操作之后，就可以在模板 templates/article/article_weight.html 中使用 markdown2html 的标签来实现转换功能了。

```
{% load custom_template_tag %}
<div class="col-md-12">
    {% for article in article_list %}
        <div class="col-md-12 col-xs-12 article">
            <div class="col-md-12 col-xs-12">
                <h2><a href="{% url 'blog-detail' article.id %}">
{{ article.title }}</a></h2>
```

```
                <p><small><span class="glyphicon glyphicon-calendar"
aria-hidden="true"></span>{{ article.publish_time|date:
"Y-m-d" }} {{ article. publish_time|time:"H:i" }}</small></p>

                <blockquote>
                    <p class="text-danger">原创文章，转载请注明出处和
作者。</p>

                </blockquote>
            </div>
            <div class="col-md-12 col-xs-12">
                {% markdown2html article.summary as content %}
                {{ content|safe }}
                <hr>
            </div>

                <div class="col-md-6 col-xs-6">
                <a href="{% url 'category-article-list' article.
category.id %}"><span class="label label-default"><span class="text-
left"><span class= "glyphicon glyphicon-tags" aria-hidden="true">
</span> {{ article. category }}</span></span></a>
            </div>
            <div class="col-md-6 text-right col-xs-6">
                <a role="button" class="btn btn-info btn-xs"
href="{% url 'blog-detail' article.id %}"><span class="glyphicon
glyphicon-console" aria-hidden="true"></span> 查看详情</a>
            </div>
        </div>
    {% endfor %}
    {% include 'utils/pagination.html' %}

</div>
```

在需要展示文章列表的页面中，只要包含这个组件即可以一个个小标签的形式来展示文章的列表了。

接下来实现文章的详情页面，这个页面用于展示文章的详细信息 templates/article/article_detail.html。

```
{% extends 'website/frontend/frontend_base.html' %}
{% load staticfiles %}
```

```
    {% block title %}{{ article.title }}{% endblock %}


    {% block external_header %}
        <script type="text/javascript" src="{% static
'syntaxhighlighter/ shCore.js' %}"></script>
        <script type="text/javascript" src="{% static
'syntaxhighlighter/ shBrushBash.js' %}"></script>
        <script type="text/javascript" src="{% static
'syntaxhighlighter/ shBrushCpp.js' %}"></script>
        <script type="text/javascript" src="{% static
'syntaxhighlighter/ shBrushCss.js' %}"></script>
        <script type="text/javascript" src="{% static
'syntaxhighlighter/ shBrushJava.js' %}"></script>
        <script type="text/javascript" src="{% static
'syntaxhighlighter/ shBrushJScript.js' %}"></script>
        <script type="text/javascript" src="{% static
'syntaxhighlighter/ shBrushPython.js' %}"></script>
        <script type="text/javascript" src="{% static
'syntaxhighlighter/ shBrushPlain.js' %}"></script>
        <script type="text/javascript" src="{% static
'syntaxhighlighter/ shBrushSql.js' %}"></script>
        <script type="text/javascript" src="{% static
'syntaxhighlighter/ shBrushXml.js' %}"></script>
        <link rel="stylesheet" href="{% static 'syntaxhighlighter/
shCoreMidnight.css' %}">
        <link rel="stylesheet" href="{% static 'syntaxhighlighter/
shThemeMidnight.css' %}">
    {% endblock %}


    {% block left %}
        <div class="col-md-12 article">
            <div class="col-md-12">
                <h2><a href="#">{{ article.title }}</a></h2>
                <p><small><span class="glyphicon glyphicon-calendar"
aria-hidden="true"></span>{{ article.publish_time|date:"Y-m-d" }}
 {{ article. publish_time|time:"H:i" }}</small></p>

                <blockquote>
```

```
                <p class="text-danger">原创文章，转载请注明出处和作者。</p>
            </blockquote>
        </div>
        <div class="col-md-12">
            {{ article.content|safe }}
            <hr>
        </div>

        <div class="col-md-6">
            <span class="label label-default"><span class="text-
left"> <span class="glyphicon glyphicon-tags" aria-hidden= "true">
</span>  {{ article.category }}</span></span>
        </div>
        <div class="col-md-6 text-right">
            <a role="button" class="btn btn-info  btn-xs" href=
"{% url 'homepage' %}"><span class="glyphicon glyphicon-console"
aria-hidden="true"> </span> 返回首页</a>
        </div>
    </div>
{% endblock %}


{% block front_js %}
    <script type="text/javascript">
        SyntaxHighlighter.all()
    </script>
{% endblock %}
```

接下来对博客网站的首页 templates/website/frontend/homepage.html 进行一些
修改，让其展示最新的文章列表。

```
{% extends 'website/frontend/frontend_base.html' %}

{% block title %}
    听雨轩
{% endblock %}

{% block external_header %}


{% endblock %}
```

```
{% block left %}
    {% include 'article/article_weight.html' %}
{% endblock %}
```

相应的视图处理类如下。

```
class HomepageView(FrontMixin, ListView):
    template_name = 'website/frontend/homepage.html'
    model = Blog
    paginate_by = 5
context_object_name = 'article_list'
```

为了让前端页面可以正常显示所有组件的数据，可以在 website/mixins.py 中创建一个 FrontMixin 类，并让所有需要展示前端各类组件的页面继承这个类。

```
from navbar.mixins import NavBarMixin
from mood.mixins import LeastMoodMixin
from link.mixins import LinkListMixin
from article.mixins import CategoryMixin


class FrontMixin(NavBarMixin, LeastMoodMixin, LinkListMixin,
CategoryMixin):
    def get_context_data(self, *args, **kwargs):
        return super(FrontMixin, self).get_context_data(*args,**kwargs)
```

至此，整个博客网站的项目就完成了。最后附上一张该网站的网页效果图，如图 15-1 所示。

图 15-1　实现完成的博客网站之网页效果图

第 4 篇

使用Django开发API

第 4 篇将深入讲解 Django Rest Framework 框架（后面简称 DRF），内容涵盖了如何开发一个简单的代码高亮显示 Web API，介绍 DRF 框架中提供的一些组件，讲解如何组合各个组件协同工作。

第 16 章　序列化

本章主要讲解序列化和反序列化相关内容，让读者了解 Serializers 的工作方式，以及使用这些功能来进行 API 开发。

16.1　搭建一个新的开发环境

在着手开发之前，先创建一个新的虚拟环境，以确保和其他的项目使用的包完全隔离，互不干扰。

```
virtualenv env
source env/bin/activate
```

现在，已经激活了虚拟环境，进入了一个 virtualenv 虚拟环境中，接下来安装所需的 Python 包。

```
pip install django
pip install djangorestframework
pip install pygments  # 需要引用这个包实现代码的高亮显示
```

注意：可以随时使用 deactivate 命令退出虚拟环境。

16.2　开始编写 Web API

好了，一切就绪，可以开始编写代码了，先创建一个新的项目。

```
cd ~
django-admin startproject tutorial
cd tutorial
```

随后再创建一个 app（snippets），使用这个 app 来完成这个 Web API 的开发。

```
python manage.py startapp snippets
```

把 snippets 和 rest_framework 都添加到 INSTALLED_APPS 中。编辑 tutorial/settings.py 文件：

```
INSTALLED_APPS = (
    ...
    'rest_framework',
    'snippets.apps.SnippetsConfig',
)
```

16.3 创建模型

为了实现这个范例，需要先创建一个简单的 Snippet 模型，用它来保存代码片段。先编辑 snippets/models.py 文件。由于本章节讲述的重点不是模型，因此大家只需关注一下 Snippet 有哪些字段以及哪些字段有 choices 属性即可。

```
from django.db import models
from pygments.lexers import get_all_lexers
from pygments.styles import get_all_styles


LEXERS = [item for item in get_all_lexers() if item[1]]
LANGUAGE_CHOICES = sorted([(item[1][0], item[0]) for item in
LEXERS])
STYLE_CHOICES = sorted((item, item) for item in get_all_styles())



class Snippet(models.Model):
    created = models.DateTimeField(auto_now_add=True)
    title = models.CharField(max_length=100, blank=True,
default='')
    code = models.TextField()
    linenos = models.BooleanField(default=False)
    language = models.CharField(choices=LANGUAGE_CHOICES, default=
'python', max_length=100)
    style = models.CharField(choices=STYLE_CHOICES, default=
'friendly', max_length=100)

    class Meta:
```

```
ordering = ('created',)
```

还需要创建一个 migration，然后在数据库中创建对应的数据表。

```
python manage.py makemigrations snippets
python manage.py migrate
```

16.4　创建一个序列化类

开发 Web API 的第一件事就是提供一个方法把 snippet 实例序列化（Serialize）和反序列化（Deserialize）成诸如 JSON 的形式。可以在 DRF 中创建 serializers 来实现，这有点类似于 Django 中表单的实现方式。

在 snippets 文件夹中创建一个名为 serializers.py 的文件，写入以下内容。

```
from rest_framework import serializers
from snippets.models import Snippet, LANGUAGE_CHOICES,
STYLE_CHOICES


class SnippetSerializer(serializers.Serializer):
    id = serializers.IntegerField(read_only=True)
    title = serializers.CharField(required=False,allow_blank=True,
max_length=100)
    code = serializers.CharField(style={'base_template':'textarea.
html'})
    linenos = serializers.BooleanField(required=False)
    language = serializers.ChoiceField(choices=LANGUAGE_CHOICES,
default= 'python')
    style = serializers.ChoiceField(choices=STYLE_CHOICES,
default= 'friendly')

    def create(self, validated_data):
        """
        Create and return a new `Snippet` instance, given the
validated data.
        """
        return Snippet.objects.create(**validated_data)

    def update(self, instance, validated_data):
```

```
        """
        Update and return an existing `Snippet` instance,
given the validated data.
        """
        instance.title = validated_data.get('title', instance.
title)
        instance.code = validated_data.get('code', instance.code)
        instance.linenos = validated_data.get('linenos', instance.
linenos)
        instance.language = validated_data.get('language', instance.
language)
        instance.style = validated_data.get('style', instance.
style)
        instance.save()
        return instance
```

第一部分定义了序列化和反序列化时要用到的那些字段。有
create() 和 update()两个方法，它们定义了当调用 serializer.save()时，如何创建或修
改对象。

一个 serializer 类非常类似于 Django 中的 Form 类，它也包含了各种各样的验
证，比如字段是否必填、最大长度、默认值等。一些字段也可以控制 serializer 在
特定的环境下如何展示出来，比如当转换成 HTML 时，上面的{'base_template':
'textarea.html'} 等价于 Django Form 类中的 widget=widgets.Textarea，这在控制页面
浏览 API 展示效果时特别有用，在后续的章节中将会看到它的实际效果。

如果想节省时间，也可以直接使用 ModelSerializer，在本书中我们还是选择
自己严格定义的方式，这样可以让读者逐步了解开发演进的过程。

16.5 了解 Serializers 的工作方式

先来熟悉如何使用新的序列化器类。进入 Django shell。

```
python manage.py shell
```

在导入一些包之后，再创建一些代码片段来试用一下。

```
from snippets.models import Snippet
from snippets.serializers import SnippetSerializer
from rest_framework.renderers import JSONRenderer
from rest_framework.parsers import JSONParser
```

```
snippet = Snippet(code='foo = "bar"\n')
snippet.save()

snippet = Snippet(code='print("hello, world")\n')
snippet.save()
```

这样就有一些 snippet 实例可以用于测试，下面来尝试序列化它们。

```
serializer = SnippetSerializer(snippet)
serializer.data
# {'id': 2, 'title': '', 'code': 'print("hello, world")\n',
'linenos': False, 'language': 'python', 'style': 'friendly'}
```

这里已经把模型实例转化成 Python 内置的数据结构了，最终把它转换成 JSON 格式。

```
content = JSONRenderer().render(serializer.data)
content
# b'{"id": 2, "title": "", "code": "print(\\"hello,world\\")\\n",
"linenos": false, "language": "python", "style": "friendly"}'
```

反序列化也是类似的，可以把一个字符串流解析转换成 Python 内置的数据结构。

```
import io

stream = io.BytesIO(content)
data = JSONParser().parse(stream)
```

接着，将这些原生数据类型恢复到一个对象实例中。

```
serializer = SnippetSerializer(data=data)
serializer.is_valid()
# True
serializer.validated_data
# OrderedDict([('title', ''), ('code', 'print("hello,world")\n'),
('linenos', False), ('language', 'python'), ('style', 'friendly')])
serializer.save()
# <Snippet: Snippet object>
```

也可以序列化 querysets 对象，而不是模型实例，可以简单地增加一个 many=True 参数即可。

```
serializer = SnippetSerializer(Snippet.objects.all(), many=True)
serializer.data
# [OrderedDict([('id', 1), ('title', ''), ('code', 'foo =
"bar"\n'), ('linenos', False), ('language', 'python'), ('style',
'friendly')]), OrderedDict([('id', 2), ('title', ''), ('code',
'print("hello, world")\n'), ('linenos', False), ('language',
'python'), ('style', 'friendly')]), OrderedDict([('id', 3),
('title', ''), ('code', 'print("hello, world")'), ('linenos',
False), ('language', 'python'), ('style', 'friendly')])]
```

16.6　使用 ModelSerializers

SnippetSerializer 类和 Snippet 模型有太多重复的内容，如果能让代码简洁一些则更好。

就像 Django 中提供了 Form 类和 ModelForm 类一样，DRF 框架也提供了 Serializer 类和 ModelSerializer 类。下面就将前面编写的代码使用 ModelSerializer 进行重构，如下：

```
class SnippetSerializer(serializers.ModelSerializer):
    class Meta:
        model = Snippet
        fields = ('id', 'title', 'code', 'linenos', 'language',
'style')
```

其中一个比较方便的特性就是可以通过 print 看到 serializer 实例所有的字段，例如，通过 python manage.py shell 启动 Django shell 尝试执行下面的代码：

```
from snippets.serializers import SnippetSerializer
serializer = SnippetSerializer()
print(repr(serializer))
# SnippetSerializer():
#    id = IntegerField(label='ID', read_only=True)
#    title = CharField(allow_blank=True, max_length=100,
required=False)
#    code = CharField(style={'base_template': 'textarea.html'})
#    linenos = BooleanField(required=False)
#    language = ChoiceField(choices=[('Clipper', 'FoxPro'),
('Cucumber', 'Gherkin'), ('RobotFramework', 'RobotFramework'),
('abap', 'ABAP'), ('ada', 'Ada')...
```

```
#    style = ChoiceField(choices=[('autumn', 'autumn'),('borland',
'borland'), ('bw', 'bw'), ('colorful', 'colorful')...
```

ModelSerializer 类并没有什么魔法，它只不过是以一种便捷的方式来创建
Serializer 类：

● 自动根据模型添加相应的字段。
● 默认会添加 create() 和 update() 方法。

16.7　使用序列化器编写常规的视图

在本节中来看一下如何使用新的 Serializer 类来编写 API 视图。此刻我们还不
会使用 DRF 提供的其他功能，所以就像编写普通的 Django 视图那样来编写 API
视图。

```
Edit the snippets/views.py file, and add the following.
from django.http import HttpResponse, JsonResponse
from django.views.decorators.csrf import csrf_exempt
from rest_framework.parsers import JSONParser
from snippets.models import Snippet
from snippets.serializers import SnippetSerializer
```

我们的第一个 API 将列出所有数据库中的 snippets，并且支持创建新的
snippet。

```
@csrf_exempt
def snippet_list(request):
    """
    List all code snippets, or create a new snippet.
    """
    if request.method == 'GET':
        snippets = Snippet.objects.all()
        serializer = SnippetSerializer(snippets, many=True)
        return JsonResponse(serializer.data, safe=False)

    elif request.method == 'POST':
        data = JSONParser().parse(request)
        serializer = SnippetSerializer(data=data)
        if serializer.is_valid():
```

```
        serializer.save()
        return JsonResponse(serializer.data, status=201)
    return JsonResponse(serializer.errors, status=400)
```

注意，由于想让没有 CSRF token 的客户端也可以 POST 数据，因此需要使用装饰器 csrf_exemp。这不是常规的做法，REST 框架视图实际上采用了更合理的方式。

还需要为特定的 snippet 提供视图，以便可以检索（retrieve）、更新（update）和删除（delete）它。

```python
@csrf_exempt
def snippet_detail(request, pk):
    """
    Retrieve, update or delete a code snippet.
    """
    try:
        snippet = Snippet.objects.get(pk=pk)
    except Snippet.DoesNotExist:
        return HttpResponse(status=404)

    if request.method == 'GET':
        serializer = SnippetSerializer(snippet)
        return JsonResponse(serializer.data)

    elif request.method == 'PUT':
        data = JSONParser().parse(request)
        serializer = SnippetSerializer(snippet, data=data)
        if serializer.is_valid():
            serializer.save()
            return JsonResponse(serializer.data)
        return JsonResponse(serializer.errors, status=400)

    elif request.method == 'DELETE':
        snippet.delete()
        return HttpResponse(status=204)
```

最后，还需要创建 snippets/urls.py 文件，为这两个视图提供对应的 urls：

```python
from django.urls import path
from snippets import views
```

```
urlpatterns = [
    path('snippets/', views.snippet_list),
    path('snippets/<int:pk>/', views.snippet_detail),
]
```

将这个设置加到根 url 设置中，编辑 tutorial/urls.py 文件以添加如下内容：

```
from django.urls import path, include

urlpatterns = [
    path('', include('snippets.urls')),
]
```

值得注意的是，有几个边界错误处理目前还没有进行完善。如果发送了格式错误的 JSON 或者调用了一个视图不会处理的方法，就会得到一个 500 "服务器错误" 的回应。不管怎样，接口现在已经凑合能用了。

16.8　测试 Web API

现在启动测试服务器：

```
python manage.py runserver

Validating models...

0 errors found
Django version 2.2, using settings 'tutorial.settings'
Development server is running at http://127.0.0.1:8000/
Quit the server with CONTROL-C.
```

在另外一个终端上，我们来测试一下服务。

使用 curl 或 httpie 来测试我们的 Web API。httpie 是一个用户友好的 HTTP 客户端，是使用 Python 编写的，下面先来安装它。

可以使用 pip 来安装 httpie，安装命令如下：

```
pip install httpie
```

最后，可以得到一个 snippets 列表：

```
http http://127.0.0.1:8000/snippets/
```

```
HTTP/1.1 200 OK
...
[
  {
    "id": 1,
    "title": "",
    "code": "foo = \"bar\"\n",
    "linenos": false,
    "language": "python",
    "style": "friendly"
  },
  {
    "id": 2,
    "title": "",
    "code": "print(\"hello, world\")\n",
    "linenos": false,
    "language": "python",
    "style": "friendly"
  }
]
```

也可以通过 id 来获取指定的 snippet：

```
http http://127.0.0.1:8000/snippets/2/

HTTP/1.1 200 OK
...
{
  "id": 2,
  "title": "",
  "code": "print(\"hello, world\")\n",
  "linenos": false,
  "language": "python",
  "style": "friendly"
}
```

与此类似，在浏览器中也可以获取同样的 JSON 展示结果。

至此，我们实现了一个非常类似于 Django 表单 API 的序列化器 API 以及一些常规的 Django 视图。我们的 Web API 除了提供 JSON 响应服务之外并没有什么其他功能。另外，这个 Web API 中还有一些边界错误处理需要完善，但它是一个能工作的 Web API，我们将在后续章节介绍如何完善它。

第 17 章 请求和响应

从本章开始，我们将讲解 DRF 框架的核心功能。先来介绍 DRF 的几个基本组件。

17.1 Request 对象

DRF 框架引入了 Request 对象，扩展了常规的 HttpRequest，并且提供了更易用的请求内容解析，其中 Request 对象最核心的功能就是 request.data 属性，它类似于 request.POST，但对于 Web API 来说它更有用。

```
request.POST   # 只能处理表单，只在调用 POST 方法时起作用
request.data   # 处理专门的数据，在调用 POST、PUT 和 PATCH 方法时都可用
```

17.2 Response 对象

DRF 框架也引入了一个 Response 对象，它属于 TemplateResponse，通过内容协商机制，服务端可以获取到请求方想要的返回格式（比如 JSON 或 XML），然后将未渲染的内容渲染成对应格式，并返回给请求方。比如请求方通过请求报头 Accept:application/json 来让服务端返回 JSON 格式的响应。

```
return Response(data)   # 按照客户端的请求返回对象格式的内容
```

17.3 响应状态码

在视图函数中直接使用数字的状态码非常不易程序的阅读，在编写程序代码时也很容易写错状态码。基于这种原因，DRF 提供了更显式的状态码标识符，比如在 status 模块的 HTTP_400_BAD_REQUEST。使用状态码标识符而不是直接使

用状态码对应的数字是个良好的习惯。

17.4　包装 API 视图

DRF 框架提供了两个用来编写 API 视图的包装器。

● 使用装饰器 @api_view 装饰基于函数的视图。
● 继承 APIView 类来编写基于类的视图。

这些包装器提供了一些功能，比如确保在视图中接收到前面提供的 Request 请求实例，并把上下文添加到 Response 响应对象，以便内容协商（比如返回正确的格式）等可以被正确执行。

包装器还提供了一些行为，比如在这个 API 没有对应的请求方法时返回 405 Method Not Allowed 的响应，以及处理当 request.data 中有输入格式不正确的数据时触发的 ParseError 异常。

17.5　使用新组件编写视图

下面开始使用这些新组件来编写一些视图。

当视图中不再需要 JSONResponse 类别，就删除它。现在可以稍微修改一下以重构原来的视图。

```
from rest_framework import status
from rest_framework.decorators import api_view
from rest_framework.response import Response
from snippets.models import Snippet
from snippets.serializers import SnippetSerializer


@api_view(['GET', 'POST'])
def snippet_list(request):
    """
    List all code snippets, or create a new snippet.
    """
    if request.method == 'GET':
        snippets = Snippet.objects.all()
```

```
        serializer = SnippetSerializer(snippets, many=True)
        return Response(serializer.data)


    elif request.method == 'POST':
        serializer = SnippetSerializer(data=request.data)
        if serializer.is_valid():
            serializer.save()
            return Response(serializer.data, status=status.
HTTP_201_CREATED)
        return Response(serializer.errors, status=status.
HTTP_400_BAD_REQUEST)
```

这个实例视图是对前一个范例的改进，它更加简洁，其中的代码现在非常类似于使用表单 API 时的代码。这个视图中还使用了状态码标识符，使得响应状态码的含义更加明显。

views.py 视图中的代码片段如下。

```
@api_view(['GET', 'PUT', 'DELETE'])
def snippet_detail(request, pk):
    """
    Retrieve, update or delete a code snippet.
    """
    try:
        snippet = Snippet.objects.get(pk=pk)
    except Snippet.DoesNotExist:
        return Response(status=status.HTTP_404_NOT_FOUND)


    if request.method == 'GET':
        serializer = SnippetSerializer(snippet)
        return Response(serializer.data)


    elif request.method == 'PUT':
        serializer = SnippetSerializer(snippet, data=request.data)
        if serializer.is_valid():
            serializer.save()
            return Response(serializer.data)
        return Response(serializer.errors, status=status.
HTTP_400_BAD_REQUEST)


    elif request.method == 'DELETE':
```

```
        snippet.delete()
        return Response(status=status.HTTP_204_NO_CONTENT)
```

是不是感觉非常熟悉，它与使用常规 Django 视图并没有太大的不同。

注意，视图程序不再显式地将请求或响应绑定到指定的内容类型。request.data 可以处理传入的 JSON 请求，也可以处理其他数据格式。类似地，视图程序返回带有数据的响应对象，DRF 框架会将响应的内容以正确的内容类型呈现出来。

17.6　给 URLs 添加可选格式化后缀

可以给 API 添加对格式后缀的支持，在访问时显式地指定格式，比如 http://example.com/api/items/4.json。

给这两个视图添加一个 format 参数，如下所示。

```
def snippet_list(request, format=None):
```

和

```
def snippet_detail(request, pk, format=None):
```

随后稍微修改一下 snippets/urls.py 文件，向已有的 URLs 增加一系列带格式后缀的样式（format_suffix_patterns）。

```
from django.urls import path
from rest_framework.urlpatterns import format_suffix_patterns
from snippets import views

urlpatterns = [
    path('snippets/', views.snippet_list),
    path('snippets/<int:pk>', views.snippet_detail),
]

urlpatterns = format_suffix_patterns(urlpatterns)
```

这样就不需要添加额外的 url 模式，对特定格式后缀的请求，它提供了一种简洁的方式。

17.7 它看起来怎么样

在命令行上测试一下我们的 API，应该和以前一样运行良好。不过，如果我们发送了一些异常的数据请求，会得到信息更丰富的错误提示。

可以像前面一样得到所有的 snippets 列表。

```
http http://127.0.0.1:8000/snippets/

HTTP/1.1 200 OK
...
[
  {
    "id": 1,
    "title": "",
    "code": "foo = \"bar\"\n",
    "linenos": false,
    "language": "python",
    "style": "friendly"
  },
  {
    "id": 2,
    "title": "",
    "code": "print(\"hello, world\")\n",
    "linenos": false,
    "language": "python",
    "style": "friendly"
  }
]
```

通过使用 HTTP 协议的 Accept 请求报头，可以控制返回内容的格式：

```
http http://127.0.0.1:8000/snippets/ Accept:application/json
# 请求 JSON
http http://127.0.0.1:8000/snippets/ Accept:text/html
# 请求 HTML
```

或者添加格式的后缀：

```
http http://127.0.0.1:8000/snippets.json  # JSON 后缀
```

```
http http://127.0.0.1:8000/snippets.api   # 浏览器 API 后缀
```

同样可以通过 HTTP 协议的 Content-Type 请求报头来控制发送数据的格式。

```
# 使用 form data 的方式发送 POST 请求
http --form POST http://127.0.0.1:8000/snippets/ code=
"print(123)"

{
  "id": 3,
  "title": "",
  "code": "print(123)",
  "linenos": false,
  "language": "python",
  "style": "friendly"
}

# 使用 JSON 格式发送 POST 请求
http --json POST http://127.0.0.1:8000/snippets/ code=
"print(456)"

{
  "id": 4,
  "title": "",
  "code": "print(456)",
  "linenos": false,
  "language": "python",
  "style": "friendly"
}
```

如果把--debug 参数添加到上面的 http 命令行中，就可以看到发送时在请求报头中带有对应的类型。类似于如下的格式（只提供了一部分）代码。

```
>>> requests.request(**{
  "allow_redirects": false,
  "auth": "None",
  "cert": "None",
  "data": "{\"code\": \"print(456)\"}",
  "files": {},
  "headers": {
    "Accept": "application/json, */*",
```

```
        "Content-Type": "application/json",
        "User-Agent": "HTTPie/0.9.9"
    },
    "method": "u'post'",
    "params": {},
    "proxies": {},
    "stream": true,
    "timeout": 30,
    "url": "u'http://127.0.0.1:8000/snippets/'",
    "verify": true
})
```

现在启动浏览器再访问这个地址 http://127.0.0.1:8000/snippets/试试看吧。

17.8 API 可浏览性

因为 API 会根据客户端的请求类型来作出相应的响应，所以默认用浏览器访问时，它能识别到用浏览器访问并返回 HTML 格式的内容。这个特性使得 API 返回一个完全可用浏览器浏览的 HTML 程序编码。

拥有一个可以网页方式浏览的 API，提供的便利是巨大的，它使开发和使用API 变得更容易，还极大地降低了检查和使用这种 API 的技术壁垒。

有关可浏览 API 的特性以及如何自定义，读者可以到官网上查阅有关可浏览API 的主题。

第 18 章　基于类的视图

前面章节讲解的是使用函数来编写视图（Function-Based View，简称 FBV），其实也可以使用基于类的视图（Class-Based View，简称 CBV）来编写 API。使用类最大的好处就是可以复用通用部分的代码，提高代码的重用性，减少无谓低效的重复编码工作。

18.1　使用类视图重写 API

首先将列表视图重写为一个基于类的视图。其实这些改变只是涉及到一些对 view.py 中代码的重构。

```python
from snippets.models import Snippet
from snippets.serializers import SnippetSerializer
from django.http import Http404
from rest_framework.views import APIView
from rest_framework.response import Response
from rest_framework import status


class SnippetList(APIView):
    """
    List all snippets, or create a new snippet.
    """
    def get(self, request, format=None):
        snippets = Snippet.objects.all()
        serializer = SnippetSerializer(snippets, many=True)
        return Response(serializer.data)

    def post(self, request, format=None):
        serializer = SnippetSerializer(data=request.data)
        if serializer.is_valid():
```

```
        serializer.save()
        return Response(serializer.data, status=status.
HTTP_201_CREATED)
        return Response(serializer.errors, status=status.
HTTP_400_BAD_REQUEST)
```

到目前为止，一切顺利。它看起来与前面的范例非常相似，但是更好地分离了不同的 HTTP 方法，这样代码更清晰了。接下来还需要更新 views.py 中的实例详情视图。

```
class SnippetDetail(APIView):
    """
    Retrieve, update or delete a snippet instance.
    """
    def get_object(self, pk):
        try:
            return Snippet.objects.get(pk=pk)
        except Snippet.DoesNotExist:
            raise Http404

    def get(self, request, pk, format=None):
        snippet = self.get_object(pk)
        serializer = SnippetSerializer(snippet)
        return Response(serializer.data)

    def put(self, request, pk, format=None):
        snippet = self.get_object(pk)
        serializer = SnippetSerializer(snippet, data=request.data)
        if serializer.is_valid():
            serializer.save()
            return Response(serializer.data)
        return Response(serializer.errors, status=status.
HTTP_400_BAD_REQUEST)

    def delete(self, request, pk, format=None):
        snippet = self.get_object(pk)
        snippet.delete()
        return Response(status=status.HTTP_204_NO_CONTENT)
```

即便如此一改，还是可以看出它很像前面基于函数的视图。另外，由于改成了使用基于类的视图，因此还需要重构 snippets/urls.py 部分。

```
from django.urls import path
from rest_framework.urlpatterns import format_suffix_patterns
from snippets import views

urlpatterns = [
    path('snippets/', views.SnippetList.as_view()),
    path('snippets/<int:pk>/', views.SnippetDetail.as_view()),
]

urlpatterns = format_suffix_patterns(urlpatterns)
```

好了，现在搞定了。启动开发服务器进行测试，一切应该都和之前一样工作正常。

18.2　使用 Mixins 混入类

使用基于类的视图的一大好处是，它可以轻松地组合可复用的代码。到目前为止，我们使用的 create/retrieve/update/delete 操作对于所创建的任何模型支持的 API 视图都非常相似。这些公共行为是在 DRF 框架的 Mixin 类中实现的。下面看看如何使用 Mixin 类来组合视图。

继续将基于类实现的 views.py 进行一些修改。

```
from snippets.models import Snippet
from snippets.serializers import SnippetSerializer
from rest_framework import mixins
from rest_framework import generics

class SnippetList(mixins.ListModelMixin,
                  mixins.CreateModelMixin,
                  generics.GenericAPIView):
    queryset = Snippet.objects.all()
    serializer_class = SnippetSerializer

    def get(self, request, *args, **kwargs):
        return self.list(request, *args, **kwargs)

    def post(self, request, *args, **kwargs):
        return self.create(request, *args, **kwargs)
```

和前面的代码对比一下，认真看看改了哪些地方。其中使用了 GenericAPIView 类来实现我们的视图，并且添加了 ListModelMixin 和 CreateModelMixin 两个 Mixin 类，它们分别提供了 list()和 create()方法或操作。接着我们将这两个方法分别绑定到了 get 和 post 方法上。也就是说，基于 Mixin 类提供的基本常用操作，和 HTTP 请求方法进行简单的绑定就完成了 API 的编写。这么编写 API 已经足够简单了。

以同样的方式，对实例详情 API 进行一些重构，如下所示：

```
class SnippetDetail(mixins.RetrieveModelMixin,
                    mixins.UpdateModelMixin,
                    mixins.DestroyModelMixin,
                    generics.GenericAPIView):
    queryset = Snippet.objects.all()
    serializer_class = SnippetSerializer

    def get(self, request, *args, **kwargs):
        return self.retrieve(request, *args, **kwargs)

    def put(self, request, *args, **kwargs):
        return self.update(request, *args, **kwargs)

    def delete(self, request, *args, **kwargs):
        return self.destroy(request, *args, **kwargs)
```

和上面类似，其中使用了 GenericAPIView 类来提供一些核心功能，然后添加了提供 .retrieve() 方法的 RetrieveModelMixin 类，提供 update() 方法的 UpdateModelMixin 类，以及提供.destroy()操作的 DestroyModelMixin 类。

18.3　使用通用类视图

在 18.2 节中我们使用 Mixin 类重写了视图，比之前代码量稍微少一些，但是可以更进一步，因为一些方法或操作会经常组合在一起使用，比如 list 和 create、实例的 retrieve/update/destroy 等。DRF 框架将一些常见方法或操作组合到一起，以一组通用类视图的方式提供给开发者使用。我们可以使用这些通用类视图来进一步简化 views.py 部分的代码。

```
from snippets.models import Snippet
from snippets.serializers import SnippetSerializer
```

```
from rest_framework import generics


class SnippetList(generics.ListCreateAPIView):
    queryset = Snippet.objects.all()
    serializer_class = SnippetSerializer


class SnippetDetail(generics.RetrieveUpdateDestroyAPIView):
    queryset = Snippet.objects.all()
    serializer_class = SnippetSerializer
```

哇！这么一改，看起来太简洁了。经过一步步地重构，现在只需要这么一点代码就可以拥有前面那些代码同样的功能。现在的这些代码看起来很不错，简洁优雅，也很符合 Django 的风格。

在下一章，将学习怎么在 API 中处理认证（Authentication）和权限（Permission）的问题。

第 19 章　认证和权限

目前，我们的 API 还没有限制谁可以更改 Snippets，为谁可以删除 Snippets。我们希望有一些更先进的处理方式，以确保：

- Snippets 和用户绑定，添加创建人。
- 只有登录了的用户才可以创建 Snippets。
- 只有 Snippets 的创建者才能更新或删除它。
- 未登录的用户拥有只读功能。

19.1　模型类添加一些信息

我们来对模型类 Snippet 进行一些修改。首先添加几个字段，其一就是用于展现是谁创建了某条 Snippet 的创建人字段。还有就是我们想添加一个高亮显示的字段，用于存储代码高亮显示之后的 HTML 处理结果。读者可以自行思考一下，这部分其实不是必须要保存到字段中，因为可以实时计算得出高亮显示之后的结果。高亮显示功能不是本章的重点，这一部分的功能只是为了让大家知道如何添加自定义操作，读者只要知道高亮显示部分的功能是如何实现的即可。

给 models.py 中的 Snippet 模型添加下面两个字段。

```
owner = models.ForeignKey('auth.User', related_name='snippets',
on_delete= models.CASCADE)
highlighted = models.TextField()
```

还需要确保在模型保存时，使用 pygments 库来填充高亮显示的字段。
引入需要添加的一些额外功能：

```
from pygments.lexers import get_lexer_by_name
from pygments.formatters.html import HtmlFormatter
from pygments import highlight
```

接着给模型添加一个 .save() 方法：

```
def save(self, *args, **kwargs):
    """
    Use the `pygments` library to create a highlighted HTML
    representation of the code snippet.
    """
    lexer = get_lexer_by_name(self.language)
    linenos = 'table' if self.linenos else False
    options = {'title': self.title} if self.title else {}
    formatter = HtmlFormatter(style=self.style, linenos=linenos,
                              full=True, **options)
    self.highlighted = highlight(self.code, lexer, formatter)
    super(Snippet, self).save(*args, **kwargs)
```

完成之后需要更新一下数据库中的数据表，正常情况下是通过 makemigrations 和 migrate 来实现的。由于我们是通过范例来学习，因此我们可以简单地删除掉 sqlite3 数据库文件和原来的 migrations 文件来反复实践。

```
rm -f db.sqlite3
rm -r snippets/migrations
python manage.py makemigrations snippets
python manage.py migrate
```

可以创建一些用户来测试这个 API 的功能，最快的创建方法就是使用 createsuperuser 命令，如下：

```
python manage.py createsuperuser
```

19.2　添加用户相关的 API

在上一节刚刚创建了一些用户，还可以添加用户相关的 API。通过 API 来创建新的用户也很简单，在 serializers.py 中添加如下代码：

```
from django.contrib.auth.models import User

class UserSerializer(serializers.ModelSerializer):
    snippets = serializers.PrimaryKeyRelatedField(many=True,
queryset= Snippet.objects.all())

    class Meta:
        model = User
```

```
        fields = ('id', 'username', 'snippets')
```

因为 Snippets 和用户模型是一种反向关系，它是用户模型上的反向关系。在使用 ModelSerializer 类时，默认情况下不会包含 Snippets，因此需要为它添加一个显式字段。

我们还将在 views.py 中添加几个视图。我们希望用户 API 是只读视图，因此将使用通用的基于类的视图 ListAPIView 和 RetrieveAPIView。

```
from django.contrib.auth.models import User
from snippets.serializers import UserSerializer


class UserList(generics.ListAPIView):
    queryset = User.objects.all()
    serializer_class = UserSerializer


class UserDetail(generics.RetrieveAPIView):
    queryset = User.objects.all()
    serializer_class = UserSerializer
```

最后需要将用户 API 视图添加到 URL 设置中，在 snippets/urls.py 中添加如下代码：

```
path('users/', views.UserList.as_view()),
path('users/<int:pk>/', views.UserDetail.as_view()),
```

19.3　将 Snippets 和用户关联

如果创建了一个代码片段，还没有将创建代码片段的用户与此代码片段的实例关联起来，那么用户信息就不是作为序列化表示的一部分发送的，而是在传入请求的属性中。

处理这个问题的方法是在代码片段视图上重写.perform_create()方法，该方法允许我们修改实例的保存逻辑，获取到传入的请求或 URL 中隐含的任何信息。

DRF 框架源代码中 CreateModelMixin 类中 create() 方法的程序逻辑如下：

```
class CreateModelMixin(object):
    """
    Create a model instance.
```

```
    """
    def create(self, request, *args, **kwargs):
        serializer = self.get_serializer(data=request.data)
        serializer.is_valid(raise_exception=True)
        self.perform_create(serializer)
        headers = self.get_success_headers(serializer.data)
        return Response(serializer.data,
 status=status.HTTP_201_CREATED, headers=headers)

    def perform_create(self, serializer):
        serializer.save()
```

完整的源代码可以参考 GitHub，网址为 https://github.com/encode/django-rest-framework/blob/3.9.2/rest_framework/mixins.py。

重写继承类的 perform_create()方法就可以实现我们想要的功能。因此，在 SnippetList 视图类中，添加 perform_create()方法：

```
def perform_create(self, serializer):
    serializer.save(owner=self.request.user)
```

在 serializer 中的 create()方法传入了一个 owner 字段，同时它里面也包含了请求中已验证了的数据。

19.4　给 API 添加只读用户字段

现在 Snippets 在创建时都会和创建的用户关联起来。可以更新一下 SnippetSerializer 类，增加一个 owner 字段：

```
owner = serializers.ReadOnlyField(source='owner.username')
```

注意：确保在 SnippetSerializer 类中的 Meta 类的 fields 中添加 owner 字段。

这个 owner 字段用于一些特定的功能。source 参数控制用于填充字段的属性，并可以指向序列化实例上的任何属性。source 中还可以使用类似于上面例子中的点符号，在这种情况下，它将遍历指定的属性，这与 Django 模板中的使用方式有些类似。

我们添加的字段是无类型 ReadOnlyField 类，与其他类型的字段相比，如 CharField、BooleanField 等，无类型的 ReadOnlyField 字段始终是只读的，用于序列化展示，但在反序列化模型实例时不会使用这些字段，不会用于更新。我们也可以使用 CharField(read_only=True) 来代替 ReadOnlyField。

19.5　给视图添加必要的权限

现在 Snippets 和用户有关联了，想确保只有登录了的用户才能创建、更新和删除 Snippets，怎么办？

DRF 框架中包含了一系列 permission 类，可以用它们来限制谁能访问指定的视图。在当前这个范例的应用场景中，可以使用 IsAuthenticatedOrReadOnly 类，这个类可以保证登录了的用户的请求才可以读写，没登录用户的请求只能读。

首先在 views 模块的开头引入权限相关的模块：

```
from rest_framework import permissions
```

接着在 SnippetList 和 SnippetDetail 类视图中都进行如下设置：

```
permission_classes = (permissions.IsAuthenticatedOrReadOnly,)
```

19.6　给可浏览 API 添加登录功能

如果现在启动浏览器并访问到 API 页面，就会发现在页面上不能创建 Snippets 了。为了创建 Snippets，需要在页面上进行登录。

在项目的 urls.py 文件中编辑 URL 设置，添加一个登录视图，使之用于可浏览的 API。

在 urls.py 文件顶部添加以下导入语句：

```
from django.conf.urls import include
```

然后在文件的最后添加以下代码，用于在页面上进行登录时或退出登录时使用。

```
urlpatterns += [
    path('api-auth/', include('rest_framework.urls')),
]
```

上面的 'api-auth/' 部分实际上可以是任意的 URL，注意别和其他的部分冲突即可（在其他 path 中没有用到这个就行）。

现在再次启动浏览器，刷新一下刚才的页面，就可以看到与登录相关的功能，登录之后就会发现可以创建 Snippets 了。

一旦创建了几个 Snippets，在访问 '/users/' 这个 API 时，会发现里面会包含 Snippets 的 id 列表，这是 UserSerializer 类中的 Snippets 实现的功能。

19.7　实现级别的权限

如果想让所有人都可以看到 Snippets，但又想确保只有创建某条 Snippet 的创建者人才允许修改或删除它，而不是所有登录了的用户都能修改或删除它。

为了实现这个功能，需要创建一个自定义的权限类。

在 Snippets 应用中创建一个新的文件 permissions.py。

```
from rest_framework import permissions


class IsOwnerOrReadOnly(permissions.BasePermission):
    """
    Custom permission to only allow owners of an object to edit it.
    """

    def has_object_permission(self, request, view, obj):
        # Read permissions are allowed to any request,
        # so we'll always allow GET, HEAD or OPTIONS requests.
        if request.method in permissions.SAFE_METHODS:
            return True

        # Write permissions are only allowed to the owner of the
snippet.
        return obj.owner == request.user
```

现在把这个自定义的权限类添加到 SnippetDetail 类中，修改 permission_classes 属性即可：

```
permission_classes = (permissions.IsAuthenticatedOrReadOnly,
                      IsOwnerOrReadOnly,)
```

确保也导入了 IsOwnerOrReadOnly 这个类。

```
from snippets.permissions import IsOwnerOrReadOnly
```

现在，如果再次启动浏览器访问 API，就会发现只有在用户已经登录，并且是当前 Snippet 的创建人，页面上的 DELETE 和 PUT 按钮才会出现。

19.8　通过 API 实现认证

因为 API 有了对应的一组权限，所以如果想编辑任何代码片段，就需要对请求进行身份验证。由于没有设置任何身份验证类（authentication 类），因此当前应用的是默认值，即 SessionAuthentication 和 BasicAuthentication。

当我们通过 Web 浏览器与 API 交互时，可以先登录，然后浏览器会话将为请求提供所需的身份验证。

如果以编程方式与 API 交互，则需要显式地为每个请求提供身份验证凭据。

如果试图创建一个没有认证的代码片段，我们会得到一个错误提示：

```
http POST http://127.0.0.1:8000/snippets/ code="print(123)"

{
    "detail": "Authentication credentials were not provided."
}
```

可以在请求时带上之前创建的用户名和密码，确保请求成功。

```
http -a admin:password123 POST http://127.0.0.1:8000/snippets/
code= "print(789)"

{
    "id": 1,
    "owner": "admin",
    "title": "foo",
    "code": "print(789)",
    "linenos": false,
    "language": "python",
    "style": "friendly"
}
```

要注意，上面的用户名 admin 和密码要换成你自己创建的用户名和密码。

19.9　认证和权限总结

现在，我们已经在 Web API 上获得了一组相当细粒度的权限，以及用户 API 和他们创建的代码片段。

在后面的章节中，将通过添加 Snippet 高亮显示的 HTML 链接来学习如何将一些内容关联到一起，如何通过使用超链接的方式来提高 API 的内聚性。

第 20 章　关系和超链接 API

目前，我们的 API 中的关系是用主键来表示的。在本章中，我们将通过使用
关系超链接来改进 API 的内聚性和可发现性。

20.1　为 API 创建根视图

目前我们有 Snippets 和 Users 两个资源相关的 API，但没有 API 的入口。下
面使用基于函数的视图来创建一个，并且会用到之前介绍过的@api_view 装饰
器，在 snippets/views.py 文件中添加以下内容：

```
from rest_framework.decorators import api_view
from rest_framework.response import Response
from rest_framework.reverse import reverse


@api_view(['GET'])
def api_root(request, format=None):
    return Response({
        'users': reverse('user-list', request=request, format=
format),
        'snippets': reverse('snippet-list', request=request,
format=format)
    })
```

要注意两点，这里调用的是 DRF 框架的 reverse 函数来获取完整的 URL，其
中使用的 user-list 和 snippet-list 这些 URL 名称需要在 snippets/urls.py 中声明。

20.2　添加高亮显示功能的视图

我们的 API 中还缺少一个明显的功能，就是高亮显示 snippets 内的代码。与

所有其他 API 不同，我们不希望使用 JSON，而是用 HTML 来表示。DRF 框架提供了两种样式的 HTML 渲染器，一种是用模板渲染的 HTML，另一种是直接呈现（即渲染）出预处理好的 HTML 内容。在本范例中我们要使用第二种 HTML 渲染器来实现相关的功能。

在创建代码高亮显示的视图时，要返回的不是对象实例，而是对象实例的属性，我们发现没有现成的通用视图可供使用。

使用 GenericAPIView 类，并创建自己的.get()方法。在 snippets/views.py 文件中添加以下代码：

```
from rest_framework import renderers
from rest_framework.response import Response

class SnippetHighlight(generics.GenericAPIView):
    queryset = Snippet.objects.all()
    renderer_classes = (renderers.StaticHTMLRenderer,)

    def get(self, request, *args, **kwargs):
        snippet = self.get_object()
        return Response(snippet.highlighted)
```

与往常一样，需要进行 URL 设置。在 snippets/urls.py 文件中添加 API 根视图入口，如下：

```
path('', views.api_root),
```

接着添加代码高亮显示部分的 URL：

```
path('snippets/<int:pk>/highlight/', views.SnippetHighlight.
as_view()),
```

20.3 链接 API

处理实体之间的关系是 Web API 设计中更具挑战性的方面之一。我们可以用很多不同的方式来表达实体之间的关系：

● 使用主键
● 使用实体之间的超链接
● 在相关实体上使用唯一标识字段
● 使用相关实体的默认字符串来表示

- 将相关实体嵌套在父表示的形式中
- 其他一些自定义表示

DRF 框架支持上述的所有类型，REST 框架也支持所有这些类型，并且可以通过正向关系或反向关系来应用它们，或者通过自定义管理器（如通用外键）来应用它们。

在当前范例中，我们使用超链接的方式。为了实现这个功能，我们把原来的 ModelSerializer 类改成 HyperlinkedModelSerializer 类，后者与前者有以下不同：

- 它默认情况下不包含 id 字段。
- 它包含一个 url 字段，使用 HyperlinkedIdentityField 字段。
- 关系使用 HyperlinkedRelatedField 字段而不是 PrimaryKeyRelatedField 字段来表示。

重写 SnippetSerializer 很轻松，在 snippets/serializers.py 文件中修改如下：

```
class SnippetSerializer(serializers.HyperlinkedModelSerializer):
    owner = serializers.ReadOnlyField(source='owner.username')
    highlight = serializers.HyperlinkedIdentityField(view_name=
'snippet-highlight', format='html')

    class Meta:
        model = Snippet
        fields = ('url', 'id', 'highlight', 'owner',
                  'title', 'code', 'linenos', 'language', 'style')


class UserSerializer(serializers.HyperlinkedModelSerializer):
    snippets = serializers.HyperlinkedRelatedField(many=
True, view_name='snippet-detail', read_only=True)

    class Meta:
        model = User
        fields = ('url', 'id', 'username', 'snippets')
```

注意，代码中添加了一个新的 highlight 字段。这个字段和 url 字段类型相同，它的 view_name 属性是'snippet-highlight'，snippets 字段的 view_name 属性是'snippet-detail'。

因为 URL 已经包含了默认的格式后缀形式，比如 '.json'，所以如果有其他格式的需要，则必须在 highlight 字段中明确指出。上述代码中的 highlight 使用的是

'.html'的格式后缀。

20.4 确保 URL 都命名

如果使用链接 API，则要确保给 URL 模式都命名，下面先看下哪些 URL 模式需要命名。

- 引用 'user-list' 和 'snippet-list' 的 API 根。
- Snippet 序列化包含引用 'snippet-highlight' 的字段。
- User 序列化器包括一个引用 'snippet-detail' 的字段。
- Snippet 和 User 序列化器包括 'url' 字段，默认情况下这些字段将引用 '{model_name}-detail'，在本例中将是 'snippet-detail' 和 'user-detail'。

在 URLconf 中添加这些命名之后，最终的文件内容如下：

```
from django.urls import path
from rest_framework.urlpatterns import format_suffix_patterns
from snippets import views

# API endpoints
urlpatterns = format_suffix_patterns([
    path('', views.api_root),
    path('snippets/',
        views.SnippetList.as_view(),
        name='snippet-list'),
    path('snippets/<int:pk>/',
        views.SnippetDetail.as_view(),
        name='snippet-detail'),
    path('snippets/<int:pk>/highlight/',
        views.SnippetHighlight.as_view(),
        name='snippet-highlight'),
    path('users/',
        views.UserList.as_view(),
        name='user-list'),
    path('users/<int:pk>/',
        views.UserDetail.as_view(),
        name='user-detail')
])
```

20.5　添加分页功能

用户列表（user-list）和代码片段列表（snippet-list）最终可能返回相当多的实例，如果不分页将来会导致接口性能非常差，甚至最终导致服务不可用。在用户只需部分内容（比如最新的 20 条就够了）的情况下，也必须获取所有的实例，没有分页就显然不合理。因此需要对结果进行分页，并允许 API 客户端遍历每个单独的页面。

可以在全局的 settings.py 文件中设置默认的分页样式。对于我们目前的范例而言，修改 tutorial/settings.py 文件添加以下设置即可：

```
REST_FRAMEWORK = {
    'DEFAULT_PAGINATION_CLASS': 'rest_framework.pagination.
PageNumberPagination',
    'PAGE_SIZE': 10
}
```

注意，DRF 框架相关的设置都在一个名为 REST_FRAMEWORK 的字典中，有助于将这些设置与其他项目的设置很好地分离。

如果需要，还可以定制分页的样式。不过，在本范例中，我们将使用默认的样式。

20.6　页面上浏览 API

如果启动浏览器以页面浏览方式来浏览我们开发的 API，就会发现现在可以通过简单地单击返回数据中的链接来访问 API 相关的详情。

还可以在 snippet 实例上看到"高亮显示"相关的链接，通过这个链接可以跳转到高亮显示的代码对应的 HTML 页面。

在下一章中，我们将介绍如何使用 ViewSets 和 Routers 来减少编写 API 的代码量。

第 21 章　ViewSets 和 Routers

DRF 框架包含一个用于处理视图集的抽象类 ViewSets，以便让开发人员专注于建模和 API 的其他交互细节，ViewSets 类会根据公共的约定自动处理 URL 相关的事项。

ViewSets 类与 View 类几乎是一样的，只不过前者提供了诸如 read 或 update 之类的操作，而不是诸如 get 或 put 之类的方法处理程序。

ViewSets 类仅在最后时刻绑定到一组方法处理程序，当它被实例化为一组视图时，通常使用 Routers 类来处理定义 URL 设置的复杂工作。

21.1　使用 ViewSets 进行重构

让我们将当前的一系列视图使用 ViewSets 来进行重构。

首先，把 UserList 和 UserDetail 视图重构为 UserViewSet，可以删除这两个视图，只用一个类替换它们：

```
from rest_framework import viewsets


class UserViewSet(viewsets.ReadOnlyModelViewSet):
    """
    This viewset automatically provides 'list' and 'detail'
actions.
    """

    queryset = User.objects.all()
    serializer_class = UserSerializer
```

这里使用了 ReadOnlyModelViewSet 这个类提供"只读"操作。和前面一样，设置了 queryset 和 serializer_class 这两个属性，不过现在不再需要两个类了，也省去了两个类都设置同样信息的麻烦。

下一步，要替换 SnippetList、SnippetDetail 和 SnippetHighlight 这三个视图类。将这三个类删除，只使用一个类来代替它们。

```
from rest_framework.decorators import action
from rest_framework.response import Response

class SnippetViewSet(viewsets.ModelViewSet):
    """
    This viewset automatically provides 'list', 'create',
'retrieve',
    'update' and 'destroy' actions.

    Additionally we also provide an extra 'highlight' action.
    """
    queryset = Snippet.objects.all()
    serializer_class = SnippetSerializer
    permission_classes = (permissions.IsAuthenticatedOrReadOnly,
                          IsOwnerOrReadOnly,)

    @action(detail=True, renderer_classes=[renderers.
StaticHTMLRenderer])
    def highlight(self, request, *args, **kwargs):
        snippet = self.get_object()
        return Response(snippet.highlighted)

    def perform_create(self, serializer):
        serializer.save(owner=self.request.user)
```

这一次使用了 ModelViewSet 这个类来提供完整的读和写的操作。

注意，其中也使用了@action 这个装饰器来提供一个名为 highlight 的自定义操作。只要标准的 create/update/delete 不能满足设计的需求，就可以用这个装饰器来添加自定义的操作。

使用@action 装饰器自定义的操作默认响应 GET 请求，如果想让它响应 POST 请求，可以使用 methods 参数来指定，范例如下：

```
@action(methods=['post'], detail=True, serializer_class =
AnotherSerializer)
```

默认情况下，自定义操作的 URL 和函数名称是一样的。如果希望更改 URL，可以通过更改@action 装饰器 url_path 参数来实现。

21.2 显式将 URL 和 ViewSets 绑定起来

HTTP 请求方法只有在定义 URL 设置时才绑定到具体的操作。为了了解底层发生了什么，我们首先显式地从 ViewSets 创建一组视图。

在 snippets/urls.py 这个文件中，将 ViewSets 绑定到一组具体的视图。

```python
from snippets.views import SnippetViewSet, UserViewSet, api_root
from rest_framework import renderers

snippet_list = SnippetViewSet.as_view({
    'get': 'list',
    'post': 'create'
})
snippet_detail = SnippetViewSet.as_view({
    'get': 'retrieve',
    'put': 'update',
    'patch': 'partial_update',
    'delete': 'destroy'
})
snippet_highlight = SnippetViewSet.as_view({
    'get': 'highlight'
}, renderer_classes=[renderers.StaticHTMLRenderer])
user_list = UserViewSet.as_view({
    'get': 'list'
})
user_detail = UserViewSet.as_view({
    'get': 'retrieve'
})
```

需要注意的是，通过把 HTTP 请求方法和相关的操作进行绑定（添加映射关系）的方式，可以从每个 ViewSets 创建出了多个视图。

现在已经将资源绑定到具体的视图中，随后可以像往常一样用 URL 设置注册视图。

```python
urlpatterns = format_suffix_patterns([
    path('', api_root),
    path('snippets/', snippet_list, name='snippet-list'),
    path('snippets/<int:pk>/', snippet_detail, name=
```

```
'snippet-detail'),
    path('snippets/<int:pk>/highlight/', snippet_highlight,
name = 'snippet-highlight'),
    path('users/', user_list, name='user-list'),
    path('users/<int:pk>/', user_detail, name='user-detail')
])
```

21.3　使用 Routers 自动化 URL 配置

因为使用了 ViewSets 类而不是 View 类，所以实际上我们不需要自己设计和定义 URL 设置。可以使用 Routers 类，之后视图和 URL 关联的工作就能自动处理了，具体做法是：向路由器（Routers）注册对应的视图集（ViewSets），然后让 Routers 来完成后续的工作。

下面是重新编写的 snippets/urls.py 文件：

```
from django.urls import path, include
from rest_framework.routers import DefaultRouter
from snippets import views

# Create a router and register our viewsets with it.
router = DefaultRouter()
router.register(r'snippets', views.SnippetViewSet)
router.register(r'users', views.UserViewSet)

# The API URLs are now determined automatically by the router.
urlpatterns = [
    path('', include(router.urls)),
]
```

从上面的代码可以看出，向路由器注册视图集和提供 urlpattern 的方式是类似的，其中有两个参数——视图 URL 前缀和视图集本身。

所使用的 DefaultRouter 类还会自动创建 API 根视图，因此我们现在可以从视图模块中删除 api_root 方法了。

21.4　使用视图、视图集的利弊

视图集是一个非常有用的抽象，使用它有助于确保 URL 设置约定在 API 中保持一致，也可以最小化需要编写的代码量，让开发者专注于 API 提供的交互操作和显示的内容，而不是 URL 设置的细节。

但是，这并不意味着这种方法总是正确的。当使用基于类的视图（CBV）而不是使用基于函数的视图（FBV）时，还是需要考虑类似的权衡利弊的问题。使用视图集不如使用多个单独的视图那样直截了当，不熟悉 DRF 的人在使用视图集这种方法时可能就会比较困惑。

第 5 篇

Django系统运维

第 5 篇主要讲解 Django 系统运维的相关内容。首先会讲解线上部署一个系统，需要掌握哪些基础知识。部署过程中，使用到的每个组件的作用。让读者明白其中的原理，以及出现问题之后如何去排查。

第22章　部署基础知识

本文主要讲解在 Linux 平台下使用 Nginx + uWSGI 的方式来部署 Django，这是目前比较主流的方式。当然，也可以使用 Gunicorn 代替 uWSGI，原理是类似的，只要弄懂了其中一种，其他的方式则可以 "依葫芦画瓢"了。

不少人曾在邮件中咨询过笔者，询问如何部署、服务启动不了之类的问题。部署对开发者综合能力（问题分析能力）确实有着较高的要求，对初学者而言更是如此，这很正常，千万不要一遇到困难，就轻易放弃了。笔者在 2013 年刚开始接触时也是一头雾水，整整花了四五天才完全搞懂。

大部分人觉得部署麻烦是因为网上教程多，部署的机器、系统都存在或多或少的差别，按照网上别人提供的教程一步步试验，经常走不通。在没有基础理论知识作为指导的情况下，遇到问题自然不知道如何解决。只有明白了部署的原理后，才能应对各种各样的问题。因此，在讲解部署教程之前，先介绍一下部署需要的基础理论知识。

22.1　部署基础知识储备

整个部署的链路是 Nginx → uWSGI → Python Web 应用，通常还会用到 supervisor 工具。当我们发现用浏览器不能访问时，需要一步步排查问题，有原理知识的储备无疑能帮助我们更好地排查问题。

uWSGI 是一款软件，即部署服务的工具。要了解整个部署过程，需要先了解一下 WSGI 规范、uwsgi 协议等内容。

WSGI（Web Server Gateway Interface）是一个规范，它规定了 Python Web 应用和 Python Web 服务器之间的通信方式。目前主流的 Python Web 框架，比如 Django、Flask 都是基于这个规范来实现的。

uwsgi 协议是 uWSGI 工具独有的协议，uwsgi 协议具有简洁高效的特点，这是大家选择 uWSGI 作为部署工具的原因之一。有关 uwsgi 协议的细节，大家可以参考 uWSGI 的文档（https://uwsgi-docs.readthedocs.io/en/latest/Protocol.html）。uWSGI 是一款用 C 语言实现的软件，它支持 uwsgi 协议、WSGI 规范以及 HTTP

协议。

Nginx 是一个 Web 服务器，是一个反向代理工具，通常用它来部署静态文件（js、css、图片等）。主流的 Python Web 开发框架都遵循 WSGI 规范。uWSGI 通过 WSGI 规范和 Python Web 服务进行通信，然后通过自带的高效的 uwsgi 协议和 Nginx 进行通信，最终 Nginx 通过 HTTP 协议将服务对外公示。

Nginx 中有一个 ngx_http_uwsgi_module 模块，当一个访问到来时，首先到达 Nginx，Nginx 会把请求（HTTP 协议）转换 uwsgi 协议（当使用 uwsgi_pass 指令时）传递给 uWSGI，uWSGI 通过 WSGI 和 Web 服务器进行通信得到响应结果，再通过 uwsgi 协议发给 Nginx，最终 Nginx 以 HTTP 协议把响应发送给用户。

有些人可能会说，uWSGI 不是支持 HTTP 协议吗？从文档中看到它还支持部署静态文件。在部署的时候，只用 uWSGI，不用 Nginx 行不行？从能力上看这么做当然可以，并没什么问题，不过目前主流的做法是用 Nginx，毕竟它久经考验而且稳定，当然也更值得我们信赖。

supervisor 是一个使用 Python 实现的进程管理工具。通常情况下，一个进程在运行过程中，可能会由于异常而意外停止，也可能被其他人用 kill 命令"误杀"了。在 Web 服务器这种应用场景下，一般都是想让服务相关的进程一直运行着，不要停止。于是，一个典型的做法就是使用 supervisor 这个工具，让它看守着我们的进程，一旦进程异常退出或被他人"误杀"了，supervisor 会立刻将进程重新启动起来，从而在最大程度上保证了服务的可用性。

22.2　Linux 进程分析

如果服务部署后，服务的访问还是不成功，出现访问不了或者报出各种错误。这时就需要分析看是哪一步出了问题，就不得不用到 Linux 中的一些命令来进行分析。

进程是计算机分配资源的最小单位，我们的程序至少是运行在一个进程中，因此可以对进程的状态进行分析。

1. 查看进程信息

通常可以使用 ps aux | grep python 命令来查看系统中运行的 Python 进程，这条命令的输出结果如下：

```
tu@linux / $ ps uax | grep python
USER PID %CPU %MEM VSZ RSS TTY STAT START TIME COMMAND
root 1780 0.0 0.0 58888 10720 ? Ss Jan15 8:46 /usr/bin/
```

```
python /usr/local/bin/supervisord -c /etc/supervisord.conf
   tu 4491 0.0 18.0 3489820 2960628 ? Sl Jan29 0:19 python a.py
   tu 12602 5.3 26.4 4910444 4343708 pts/1 Sl+ 12:34 4:07
python b.py
```

有些人习惯使用 ps -ef | grep xxx 命令，执行的结果也是类似的，读者可以自行尝试。

输出结果中的 PID 代表进程编号（在 USER 后面的，即第二列）。我们可以通过查看系统中 /proc/PID/ 目录中的文件信息来得到这个进程的相关信息（Linux 中一切皆文件，进程信息也保存在文件中），比如它是在哪个目录启动的，启动命令是什么等信息。下面是一个示例，比如我们要看 PID 为 4491 的进程的信息，命令和输出的结果如下：

```
tu@linux /proc/4491 $ sudo ls -ahl
...
dr-xr-xr-x 2 tu tu 0 Feb 17 13:32 attr
-rw-r--r-- 1 tu tu 0 Feb 17 13:32 autogroup
-r-------- 1 tu tu 0 Feb 17 13:32 auxv
-r--r--r-- 1 tu tu 0 Feb 17 13:32 cgroup
--w------- 1 tu tu 0 Feb 17 13:32 clear_refs
-r--r--r-- 1 tu tu 0 Feb 17 12:49 cmdline 这个文件中有启动进程的具体
命令
-rw-r--r-- 1 tu tu 0 Feb 17 13:32 comm
-rw-r--r-- 1 tu tu 0 Feb 17 13:32 coredump_filter
-r--r--r-- 1 tu tu 0 Feb 17 13:32 cpuset
lrwxrwxrwx 1 tu tu 0 Feb 17 13:32 cwd -> /home/tu 启动进程时的工作
目录
-r-------- 1 tu tu 0 Feb 17 13:32 environ 进程的环境变量列表
lrwxrwxrwx 1 tu tu 0 Feb 17 12:00 exe -> /usr/bin/python2.7 链接
到进程的执行命令文件
   ...省去了部分内容
```

2. 向进程发送信号

可以使用 kill PID 命令杀死一个进程，或者使用 kill -9 PID 命令强行杀死一个进程。

kill -9 中的 -9 是信号的一种，信号是进程之间通信的一种方式，kill 命令会向要杀死的进程发送一个信号，-9 代表 SIGKILL 之意，用于强行终止某个进程。

信号有很多，通过执行 kill -l 命令（命令中的 l 是单词 list 的第一个字母）可以查看到所有的信号。

```
HUP INT QUIT ILL TRAP ABRT BUS FPE KILL USR1 SEGV USR2 PIPE ALRM
TERM STKFLT CHLD CONT STOP TSTP TTIN TTOU URG XCPU XFSZ VTALRM PROF
WINCH POLL PWR SYS
```

上面这些信号是有顺序的，比如第 1 个是 HUP，第 9 个是 KILL，下面两种方式的命令等价的：

```
kill -1 PID 和 kill -HUP PID 都是发送 SIGHUP 信号到进程中
kill -9 PID 和 kill -KILL PID 都是发送 SIGKILL 信号到进程中
```

信号 SIGHUP 通常用于优雅的重载配置文件，这种重新启动并且不影响正在运行的服务。比如：

```
pkill -1 uwsgi 优雅地重启 uwsgi 进程，通常对服务不会有影响
kill -1 NGINX_PID 优雅地重启 nginx 进程，通常对服务不会有影响
```

除了知道可以这么使用之外，感兴趣的读者还可以通过自学深入了解下 uWSGI 和 Nginx 无损重载（Reload）的原理。

人们常用【CTRL+C】组合键中断一个命令的执行，其实就是发送了一个信号到当前执行的命令进程。

按【CTRL+C】组合键会把 SIGINT 信号发送给前台进程组中的所有进程，常用于终止正在运行的程序。

按【CTRL+Z】组合键会把 SIGTSTP 信号发送给前台进程组中的所有进程，常用于挂起正在运行的进程。

另外，不同的软件或程序可能对同一个信号的功能定义不一致，如 supervisor 中默认停止进程的信号（stopsignal）是 TERM，约定俗成的情况下 TERM 一般都表示停止，但对于 uwsgi 来说，TERM 是强制重启之意。如果没有配置好，则会发现 supervisor 无法停止 uwsgi 进程。要解决这个问题，可以给 uwsgi 加上--die-on-term 选项或给 supervisor 管理的 uwsgi 进程设置好 stopsignal＝SIGQUIT 或 stopsignal=SIGINT 的参数。有关 supervisor 和 uWSGI 的详细信息，可参考网站：http://supervisord.org/configuration.html 和 https://uwsgi-docs.readthedocs.io/en/latest/Management.html#signals-for-controlling-uwsgi。

有关其他信号的含义，大家可以自行学习。

3. 查看进程打开了哪些文件

```
sudo lsof -p PID
```

如果是分析一个不太了解的进程，这个命令比较有用，笔者曾经用这个命令分析进程打开文件描述符过多的问题，从而解决了打开的 MySQL 连接过多的问题。

可以使用 lsof -p PID | grep TCP 查看进程中的 TCP 连接信息。

4. 查看文件被哪个进程使用

使用 sudo lsof /path/to/file 这个命令查看一个文件正被哪些进程使用，如下：

```
> sudo lsof /home/tu/.virtualenvs/mic/bin/uwsgi
COMMAND PID USER FD TYPE DEVICE SIZE/OFF NODE NAME
uwsgi 2071 tu txt REG 253,17 1270899 13240576 /home/tu/.
virtualenvs/mic/ bin/uwsgi
    uwsgi 13286 tu txt REG 253,17 1270899 13240576 /home/tu/.
virtualenvs/ mic/bin/uwsgi
    uwsgi 13287 tu txt REG 253,17 1270899 13240576 /home/tu/.
virtualenvs/ mic/bin/uwsgi
    uwsgi 13288 tu txt REG 253,17 1270899 13240576 /home/tu/.
virtualenvs/ mic/bin/uwsgi
```

5. 查看进程当前状态

当我们发现一个进程启动了，端口也是正常的，但好像这个进程就是不"干活"。比如执行的是数据更新进程，这个进程不更新数据了，但还是处于运行状态。可能数据源有问题，可能编写的程序有 Bug，也可能是更新时要写入到的数据库出问题了（数据库连接不上了，写数据锁死了）。这里主要说下第二种可能，如果程序有 Bug，导致程序工作不正常，那么我们怎么知道程序当前正在干什么呢？这时就要用到 Linux 中的调试分析诊断命令 strace，可以执行 sudo strace -p PID 这个命令。

执行后会输出一些信息，根据这些信息推测和分析看是出了哪些问题。

本节只是简单介绍了一些进程分析的工具和方法，关于进程分析工具和方法还有许多，希望大家不断练习，熟练运用这些工具去排查遇到的问题。

22.3　Linux 端口分析

如果在服务器上运行 Nginx，访问的时候就是连接不上，可以使用 ps aux | grep nginx 命令查看一下 nginx 进程是不是启动了，也可以查看一下 80 端口有没有被占用。换句话说，如果没有任何程序占用这个端口上（或者说没有任何程序使用这个端口），就需要确认一下是否启动了相关程序或者启动了但没能启动成功，或者是程序使用的端口被修改了，不是 80 了。

1. 查看全部端口占用的情况

在 Linux 中，可以使用 netstat 工具来进行网络分析。netstat 命令有非常多的选项，下面只列出了常用的一部分：

> -a 或-all：显示所有连接中的 Socket，默认不显示 LISTEN 相关的。
> -c 或-continuous：持续列出网络状态，不断自动刷新输出。
> -l 或-listening：显示监听中的服务器的 Socket。
> -n 或-numeric：直接显示 IP 地址，而不是显示域名。
> -p 或-programs：显示正在使用 Socket 的程序进程 PID 和名称。
> -t 或-tcp：显示 TCP 传输协议的连接。
> -u 或-udp：显示 UDP 传输协议的连接。

可以查看服务器中监控了哪些端口，如果 nginx 使用的是 80 端口，uwsgi 使用的是 7001 端口，可以通过下面的命令来查看：

```
> netstat -nltp
Active Internet connections (only servers)
Proto Recv-Q Send-Q Local Address Foreign Address State
PID/Program name
tcp 0 0 0.0.0.0:7001 0.0.0.0:* LISTEN 2070/uwsgi
tcp 0 0 127.0.0.1:6379 0.0.0.0:* LISTEN 1575/redis-server 1
```

从上面的结果可知，80 端口的 nginx 是否启动成功了，7001 端口的 uwsgi 是否启动成功了。

注意：如果 PID 和 Program Name 显示不出来，说明是权限不够，可以使用 sudo 命令来查看。

2. 查看具体端口占用的情况

```
> sudo lsof -i :80（注意端口 80 前面有个英文的冒号）
COMMAND PID USER FD TYPE DEVICE SIZE/OFF NODE NAME
nginx 4123 admin 3u IPv4 13031 0t0 TCP *:http (LISTEN)
nginx 4124 admin 3u IPv4 13031 0t0 TCP *:http (LISTEN)
```

通过这个方法可以查询出占用端口的程序，如果遇到端口已经被占用，原来的进程没有正确地终止，则可以使用 kill 命令“杀掉”原来的进程，随后就可以使用这个端口了。

除了上面介绍的一些命令，在部署过程中会经常用到下面的一些 Linux 命令，如果不清楚它们的作用，建议读者先自行学习一下这些 Linux 基础命令：

```
ls, touch, mkdir, mv, cp, ps, chmod, chown
```

　　学习完本章讲述的这些内容之后，读者应该就具备了在 Linux 服务器上部署 Web 应用的基础知识了，在遇到问题后，应该也会有一些调查思路。例如，可以按照下面的步骤进行分析：

　　（1）nginx 进程有没有启动，nginx 是不是启动在 80 端口？

　　（2）uWSGI 的进程有没有启动，它的配置文件有没有问题？

　　（3）服务本身通过 python manage.py runserver 命令启动开发服务器是否能启动成功？

　　（4）所依赖的服务，比如 Redis、MySQL 等有没有出现问题？

　　只要了解这些基础性的知识和原理以及排查问题的基本思路，相信读者能够很快找出部署时问题具体出现在哪里。

第 23 章　部署上线

本章将介绍应该如何将一个 Django 项目部署到线上的生产环境中。在线上环境中通常都是采用 Nginx + uWSGI 的方式部署 Django 应用。本章将通过在 Ubuntu 或 CentOS 服务器上部署 Django 项目的实例，来说明如何在生产环境中部署 Django 项目。

23.1　Django 部署前的准备

首先明确一个概念，下文中所有说的 Django 项目目录，指的是 manage.py 这个文件所在的目录。项目名称指的是在创建这个项目时取的名字。假设范例项目取名为 zqxt，项目根目录就是/home/tu/zqxt。

23.1.1　运行开发服务器进行测试

测试这一步非常重要，在部署之前一定要确定代码没有问题。很多时候，调查了半天才发现代码中有个语法错误而导致服务器启动不了。大公司一般都有多个运行环境，比如测试环境、正式生产环境等，而一些小公司可能只有一个环境，尤其需要注意测试这一环节。

```
cd zqxt # 进入项目 zqxt 目录
python manage.py runserver
```

部署到正式生产环境之前，要在自己的本地服务器上运行开发服务器进行测试，以确保开发服务器下能正常打开网站。

23.1.2　安装 Nginx

根据操作系统选择所要执行的步骤来安装 Nginx。

（1）ubuntu / Linux Mint 等，下面简写为（ubuntu）：

```
sudo apt-get install python-dev nginx
```

（2）centos / Fedora/ redhat 等，下面简写为（centos）：

```
sudo yum install epel-release
sudo yum install python-devel nginx
```

有些公司可能使用的不是官方的 Nginx 版本，而是使用淘宝的 Tengine 或开源的 OpenResty 等，对于这些派生版本的安装步骤，读者可自行参考它们对应的文档说明。

在 CentOS 中部署时需要注意的事项

Ubuntu 用户可以直接跳到下一步，以下是 CentOS 用户需要注意的事项：

在 CentOS 下，如果不是非常了解 SELinux 和 iptables，为了方便调试，可以先临时关闭它们。如果发现部署了之后不能访问部署的应用，可以临时关闭一下它们再测试一下部署的应用，这样就知道是不是 SELinux 和 iptable 引发的问题。

将 SELinux 设置为宽容模式：

```
sudo setenforce 0
```

CentOS 6 临时关闭防火墙：

```
sudo service iptables stop
```

CentOS 6 开放端口 80：

```
sudo iptables -A INPUT -p tcp -m tcp --dport 80 -j ACCEPT
```

CentOS 7 临时关闭防火墙：

```
sudo systemctl stop firewalld
```

CentOS 7 开放需要的端口：

```
sudo firewall-cmd --zone=public --add-port=80/tcp --permanent &&
sudo firewall-cmd -reload
```

23.2 使用 uWSGI 部署

23.2.1 安装 uWSGI 软件

```
(sudo) pip install uwsgi --upgrade
```

注意：尽量不要使用系统自带的 uWSGI 版本，比如通过 apt-get 或 yum 等安装的版本，因为系统自带的版本可能比较旧，容易出问题，建议直接用 pip 安装。

23.2.2 使用 uWSGI 运行项目

```
uwsgi --http :8001 --wsgi-file project/wsgi.py -chdir
/path/to/project --home=/path/to/env --master --workers 4
```

下面是对参数的一些解释：

- --wsgi-file project/wsgi.py 指的是 WSGI 规范文件所在的位置，这个文件在创建项目时会自动生成。其中的应用叫作 application（--callable 默认是这个值），如果是 Flask，则这个变量默认是 app，需要再加一个 --callable app 选项来指定。
- --chdir 是指 Django 项目所在的目录，要使用绝对路径。
- --home 指定虚拟环境（virtualenv）的绝对路径。如果直接使用物理环境，则可以没有这个参数。
- --http 是使用 uWSGI 自带的 http 协议（这种情况下不需要 nginx 可以直接访问）。当和 nginx 一起使用时，指定 socket 或 http-socket 即可。
- --master 是指开启 master 管理进程，建议所有的应用都开启这个选项，它管理其他的 worker 进程。
- --workers 是指开启的 worker 进程数，这些进程用于接收请求。

使用 gunicorn 代替 uWSGI 的方法

```
sudo pip install gunicorn
```

在项目目录下运行下面的命令进行测试：

```
gunicorn -w4 -b0.0.0.0:8001 zqxt.wsgi
```

-w 表示开启多少个 worker，-b 表示要使用的 ip 地址和 port 端口，示例中用的是 8001，0.0.0.0 代表监控电脑的所有 ip 地址。

如果使用了 virtualenv，可以用--pythonpath 指定依赖包的路径，多个路径的时候用逗号（,）隔开，如：'/path/to/lib,/home/tu/lib'.

23.3　使用 supervisor 管理进程

23.3.1　安装 supervisor 软件包

```
(sudo) pip install supervisor
```

supervisor 会安装 supervisorctl、supervisord 和 echo_supervisord_conf 命令，supervisord 相当于 supervisor 服务器，supervisorctl 是客户端。客户端可以通过命令行和服务器之间进行交互。

echo_supervisord_conf 命令可以用来生成 supervisor 默认的配置文件，比如放在/etc/supervisord.conf 路径中：

```
(sudo) echo_supervisord_conf > /etc/supervisord.conf
```

23.3.2　supervisor 配置

打开 supervisor.conf 文件在最底部添加如下内容（下面每行前面不要有空格，防止报错）：

```
[program:zqxt]
command=/path/to/uwsgi --socket /home/tu/zqxt/zqxt.sock -chdir
/home/ tu/zqxt --wsgi-file zqxt/wsgi.py --master --workers 4
directory=/path/to/zqxt
stopsignal=SIGQUIT
startsecs=0
stopwaitsecs=0
autostart=true
autorestart=true
```

command 处写上对应的 uwsgi 命令，这样就可以用 supervisor 来管理 uwsgi 的进程了。

23.3.3　supervisor 使用简介

启动 supervisord 进程：

```
(sudo) supervisord -c /etc/supervisord.conf
```

这样会自动启动配置中的 program。

重启 zqxt 程序（项目）：

```
(sudo) supervisorctl -c /etc/supervisord.conf restart zqxt
```

启动、停止或重启 supervisor 管理的某个程序或所有程序：

```
(sudo)supervisorctl -c /etc/supervisord.conf [start|stop|restart]
[program-name|all]
```

上面的 command 使用一行命令太长了，要解决这个问题，通常我们会使用 ini 配置文件进行配置。在项目根目录下新建一个 uwsgi.ini 文件，全路径为 /home/tu/zqxt/uwsgi.ini，它的内容如下：

```
[uwsgi]
http-socket = 127.0.0.1:7001
;socket = /home/tu/zqxt/zqxt.sock
;socket = 0.0.0.0:7002
;http = 0.0.0.0:9001
chdir = /home/tu/zqxt
wsgi-file = zqxt/wsgi.py
master = true
workers = 4
enable-threads = true
```

在上面配置中，[uwsgi]是必须的，不能少，分号开头的行是注释。

这里重点说明一下 http、socket 和 http-socket 这三个参数：

（1）socket 选项可以配置 Unix Socket 和 TCP Socket。比如 socket = /home/tu/zqxt/zqxt.sock 属于 Unix Socket，而 socket = 0.0.0.0:7002 属于 TCP Socket，此时 uWSGI Workers 和 Nginx 之间的通信都是使用 uwsgi 协议。正式部署到生产环境时，一般是使用 socket 这个配置。Unix Socket 性能要优于 TCP Socket，但 Unix Socket 需要考虑权限等问题，而且 Nginx 和 uWSGI 需要运行在同一台服务器上，TCP Socket 可以用于 Nginx 和 uWSGI 不在同一台服务器上的应用场景。

（2）http-socket 选项和上面类似，但这个命令规定 uWSGI Workers 使用的是

HTTP 协议，理论上性能要比 uwsgi 协议要弱一些。这个选项在测试时会比较方便，性能要求不高，为了方便部署调试时也可以使用这个，这样可以直接用 HTTP 客户端（比如 curl 或浏览器）访问 uWSGI 的端口，查看服务是不是正常。另外，也可以使用 protocol 选项来强制指定上面（1）中的 socket 使用 HTTP 协议，而不是默认的 uwsgi 协议。

（3）http 选项和 http-socket 是完全不同的，它是通过额外的进程，访问应用服务经过这个进程再转发到 uwsgi 各个 worker（相当于 nginx 或 apache 这一层执行的操作）。使用这个选项可以直接以 HTTP 协议访问应用服务，和上面的 http-socket 不同的是，它自带负载均衡功能。简单来讲，如果想直接用 uWSGI 对外提供服务，就使用--http；如果想结合 Nginx 一起使用，选择 HTTP 协议时就使用 --http-socket。

最佳实践建议是：当使用 Unix Socket 时用同一个账号来启动 uwsgi 和 nginx 等进程。使用 Unix Socket 时，如果运行 nginx 的用户和运行 uwsgi 的用户不是同一个时通常会有权限问题，因此建议使用同一用户运行 uwsgi 和 nginx，比如专门创建一个拥有普通权限的 admin 账号来进行部署，uwsgi 和 nginx 以及 supervisor 等都是用这个 admin 账号来启动。

注意：如果使用 Unix Socket，不建议把 sock 文件放在 /tmp 目录下，比如 /tmp/xxx.sock。有些系统的临时文件是有命名空间的（namespaced），进程只能看到自己的临时文件，从而导致 nginx 找不到 uwsgi 的 socket 文件，访问时会显示出 502 的错误代码。

修改 supervisord.conf 文件中 command 的那一行：

```
[program:zqxt]
command=/path/to/uwsgi --ini /home/tu/zqxt/uwsgi.ini
```

然后使用 supervisorctl 重启一下相关进程：

```
(sudo) supervisorctl -c /etc/supervisord.conf restart zqxt
```

23.4　配置 Nginx

在默认情况下，Nginx 配置文件一般存放在 /etc/nginx/ 中，如果服务器上运行没有别的网站程序，就可以直接修改 nginx.conf 文件中的 server 区块。如果已经有其他的网站程序在运行，则可以添加一个 server 区块，写入以下内容：

```
server {
    listen      80;
```

```
server_name www.example.com;
access_log /var/log/nginx/example.com.access.log ;
error_log /var/log/nginx/example.com.error.log ;
charset    utf-8;
client_max_body_size 75M;
location /media  {
   alias /path/to/project/media;
}
location /static {
   alias /path/to/project/static;
}
location / {
   uwsgi_pass  127.0.0.1:7001;
   include    /etc/nginx/uwsgi_params;
}
}
```

下面解释一下上面的内容：

listen 80 是监听 80 端口，这是 HTTP 协议默认的端口，可以根据需要修改。

server_name 后面是自己的域名，没有的话可以写 localhost 或者 127.0.0.1。

access_log 和 error_log 是日志路径，可以自己修改。

uwsgi_pass 是与 uwsgi 通信的地址和端口，使用端口更容易配置，也可以使用 Unix Socket。

static 和 media 是存放静态文件的路径。

使用下面的命令测试配置是否存在语法问题：

```
/path/to/nginx -t
```

如果没有语法问题，则可以重启 nginx 服务器：

```
/path/to/nginx -s reload
```

这样就完成了生产环境的部署工作。

第 24 章　其他常见功能

本章主要讲解 Django 中一些常用的其他功能，比如 Django 中间件、Django 信号、缓存框架、Django 日志等常用的内容，让读者知道如何使用它们，并进一步了解每个组件的功能及工作机制。

24.1　Django 中间件

中间件是 Django 处理请求/响应的钩子，它是一个轻巧的"插件"系统，可以用于全局改变 Django 的请求输入或响应输出。

每个中间件负责执行某些特定功能。例如，Django 包含一个中间件 AuthenticationMiddleware，它将用户与应用会话的请求相关联。

Django 中间件是影响全局的，也就是说每个请求都可能会受到影响，一个有问题的中间件可能会导致网站很多地方受到影响，出现严重 Bug。因此在正式的生产环境中，添加或修改中间件需要先经过严格全面的测试。

本节主要介绍中间件的工作原理，如何激活中间件以及如何编写自己的中间件。

24.1.1　工作原理

Django 的不同版本会有些差异，但原理类似。在 Django 创建的项目中，在项目的 settings.py 文件中可以看到默认有如下中间件：

```
MIDDLEWARE = [
    'django.middleware.security.SecurityMiddleware',
    'django.contrib.sessions.middleware.SessionMiddleware',
    'django.middleware.common.CommonMiddleware',
    'django.middleware.csrf.CsrfViewMiddleware',
    'django.contrib.auth.middleware.AuthenticationMiddleware',
    'django.contrib.messages.middleware.MessageMiddleware',
```

```
    'django.middleware.clickjacking.XFrameOptionsMiddleware',
]
```

如前所述，HTTP 是请求响应模型，HttpRequest 是请求对象，而 HttpResponse 是响应对象。

中间件的工作流程如图 24-1 所示（注意这是简化模型，因为异常处理等未在图中体现出来）。

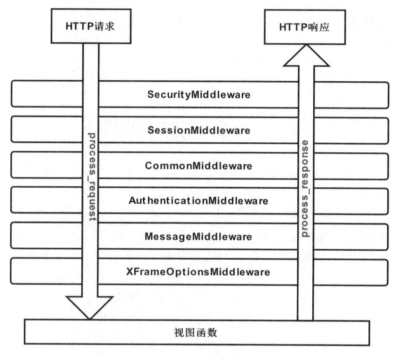

图 24-1　Django 中间件处理请求和响应的流程

HTTP 请求在到达视图函数之前，会被一层层中间件依次处理，在视图函数处理返回后，异常或响应内容会再经过一层层中间件依次处理，最终返回给用户。一个比较形象的例子就是把这个流程想象成洋葱，视图函数在洋葱的最中心位置，每个请求都要通过每个中间件的 process_request 函数，这个函数返回 None 或 HttpResponse 对象，当返回 None 时，就继续前往下一个中间件，如图 24-2 所示。

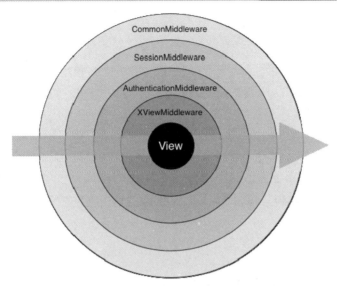

图 24-2　Django 中多个中间件的工作原理图

24.1.2　激活中间件

假如我们的中间件在 your_app/middleware.py 文件中，它的类名是 AwesomeMiddleware，如果想要激活它，只需在 settings.py 文件中添加以下设置：

```
MIDDLEWARE = [
    # 中间件所在的位置，这里省略了
    'your_app.middleware.AwesomeMiddleware',
]
```

在 MIDDLEWARE 中编写了的中间件，就是激活状态了，如果不需要激活它，可以注释掉它。比如下面的程序文件中只留下了 CommonMiddleware 这一个中间件，其他的都用注释符号 "#" 注释掉了。在 Django 中允许禁用所有的中间件（也就是没有一个中间件起作用了），Django 官方建议要保留 CommonMiddleware 这个中间件。

```
MIDDLEWARE = [
    # 'django.middleware.security.SecurityMiddleware',
    # 'django.contrib.sessions.middleware.SessionMiddleware',
    'django.middleware.common.CommonMiddleware',
    # 'django.middleware.csrf.CsrfViewMiddleware',
    # 'django.contrib.auth.middleware.AuthenticationMiddleware',
    # 'django.contrib.messages.middleware.MessageMiddleware',
```

```
    # 'django.middleware.clickjacking.XFrameOptionsMiddleware',
]
```

禁用中间件后，相关的配置就没法生效了，比如禁用了 SecurityMiddleware 中间件，SECURE_SSL_HOST 配置就不会生效了。因此，如果没有特殊的需求，笔者建议保留系统默认激活的中间件。

Django 中内置了非常多的中间件，例如 CommonMiddleware、GZipMiddleware、ConditionalGetMiddleware 等，可以直接使用这些中间件，或者参考这些中间件来编写自己的中间件。中间件的源代码可以从这个网站获得：https://github.com/django/django/tree/2.1.4/django/middleware。

24.1.3 编写中间件

在 Django 2.1.x 版本中（Django 1.10.x 之后的版本），使用下面的规则编写中间件：

```
class SimpleMiddleware(object):
    def __init__(self, get_response):
        self.get_response = get_response

    def __call__(self, request):
        # 1. 调用"视图"和"后续中间件"之后的逻辑

        # 2. 调用后续中间件和视图函数
        response = self.get_response(request)

        # 3. 调用"视图"和"后续中间件"之后的逻辑
        return response
```

如果是最后一个中间件，self.get_response(request) 就会调用视图函数，否则就是调用下一个中间件。将编写好的中间件加入到 settings.py 文件中的 MIDDLEWARE 区块中才会生效。由于中间件在 Django 1.10 版本之后变化较大，目前还是推荐使用兼容的写法如下：

```
try:
    # Django 1.10.x 以上版本
    from django.utils.deprecation import MiddlewareMixin
except ImportError:
    # Django 1.4.x - Django 1.9.x
    MiddlewareMixin = object
```

```
class SimpleMiddleware(MiddlewareMixin):
    def process_request(self, request):
        # 调用"视图"和"后续中间件"之后的逻辑
        pass


    def process_response(request, response):
        # 调用"视图函数/类视图"和"后续中间件"之后的逻辑
        pass
```

其中 django.utils.deprecation.MiddlewareMixin 是 Django 团队为了兼容新旧的两种中间件而编写的，其源代码如下：

```
class MiddlewareMixin:
    def __init__(self, get_response=None):
        self.get_response = get_response
        super().__init__()


    def __call__(self, request):
        response = None
        if hasattr(self, 'process_request'):
            response = self.process_request(request)


        response = response or self.get_response(request)


        if hasattr(self, 'process_response'):
            response = self.process_response(request, response)
        return response
```

应该很容易看懂，在__call__方法中，如果子类中有 process_request 或 process_response 方法，就调用了旧版本中的 process_request 和 process_response 方法，以实现新旧版本中间件的兼容。

24.1.4　其他中间件钩子

除了上面说过的 process_request 和 process_response 处理请求和响应的两个钩子外，Django 中间件中还有三个钩子，分别是 process_view、process_exception 和 process_template_response。

1. process_view(request, view_func, view_args, view_kwargs)

其中的 request 是一个 HttpRequest 对象，view_func 是 Djagno 实际要调用的视图函数对象，view_args 和 view_kwargs 分别是列表和字典，它们作为参数传给视图函数。要注意的是，视图函数的第一个参数是 request 对象，view_args 和 view_kwargs 这两个参数中都不包含 request 对象。

process_view()函数会在 Django 调用真正的视图函数之前执行，这个函数返回 None 或者 HttpResponse 对象，如果返回 None，Django 则会继续处理请求，执行其他的中间件和视图。如果返回 HttpResponse 对象，Djagno 将不会调用别的视图函数，而是调用中间件中处理 HttpResponse 的钩子。

有些读者可能会想，有了 process_request，为什么还需要 process_view 这个钩子呢？

其实没有这个钩子，应用的实现也是没有问题的，不过使用钩子有时可以减少一些性能损耗，比如当我们需要根据视图函数名或参数来进行判断时，执行不同的程序逻辑，在 process_request 中，需要调用 resolve(request.path_info)方法来获取视图函数和对应的参数，但在调用视图函数之前系统还是会调用一次 resolve(request.path_info)，这样就相当于调用了两次"从路由解析得到对应的视图"这一逻辑，无疑是一种性能的损失。因此，如果可以的话，应该直接调用 process_view，这样更方便，也更高效一些。

相关源代码，感兴趣的读者可以参考：http://t.cn/E4SOFzb。

2. process_exception(request, exception)

其中的 request 是一个 HttpRequest 对象，exception 是视图函数中触发的 Exception 异常对象。

当视图发生异常时，Django 会触发执行 process_exception()方法，这个方法同样返回 None 或 HttpResponse 对象。在默认情况下，Django 会调用系统中的错误处理方法，分别是 handler404、handler500、handler403、handler400。这些方法（或函数）可以在项目的根 urls.py 中进行设置，当发生 404 或 500 等错误时，默认会执行这里设置的错误处理方法。

与 process_response 一样，这个中间钩子的执行顺序和中间件 MIDDLEWARE 中设置的顺序正好是相反的。

3. process_template_response(request, response)

其中的 request 是一个 HttpRequest 对象，response 是由 Django 视图函数或中间件返回的 TemplateResponse 对象。如果视图函数最终调用了 render 等方法，意味着返回了一个 TemplateResponse 对象，此方法在这之后执行。

与 process_response 和 process_exception 一样，这个中间钩子的执行顺序和中

间件 MIDDLEWARE 中设置的顺序正好是相反的。

本节介绍了中间件的相关内容，如果网站需要实现全站登录、全部接口的访问控制以及全局限速等需求，则可以考虑使用 Django 中间件来实现。

程序出现 Bug 是一件很正常的事，但有时候很难还原现场排查 Bug 是怎么发生的。不过，有一个 Sentry 异常捕获工具，它是使用 Django 开发的，用于记录这些异常，为排查 Bug 提供了极大的便利。

读者有没有想过，如果让你设计一个通用工具，用来记录 Django 应用中详细异常的堆栈信息，你会考虑怎么实现呢？

有些读者可能想到使用上面 Django 中间件中的 process_exception 钩子来实现，理论上是可行的，那么 Sentry 是使用这个方法来实现的吗？答案是否定的，Sentry 使用的是信号机制实现的异常捕获。

24.2　Django 信号简介

24.2.1　信号机制简介

Django 包含一个"信号调度程序"，即信号系统，在 Django 框架中的任何地方发生操作时，只要订阅了这个操作，就可以收到相应的通知。使用信号机制最大的好处就是可以在编程时实现解耦。

当程序中许多代码都与同一个事件有关联，信号机制就特别有用。比如商城应用有个"订单"功能，订单中有多种商品，当创建新订单时（订单 save 事件），需要通知仓库管理员进行打包，还需要给用户发一封邮件"您的订单我们已经收到了，正在发货中"，甚至在库存不足时，还要通知工厂进行生产。多个地方都要"订阅"订单创建这个事件，而订单创建这个操作本身并不关心这些的，因为谁关心这个事件谁来订阅。

比如 Django 在 HTTP 响应结束时，会发出一个 request_finished 信号，这个信号会被缓存组件或数据库组件接收到，用以执行一些清理工作，比如关闭不再使用的数据库连接等。

Django 提供了一组内置信号，用于通知用户发生了某些操作，部分常用信号如表 24-1 所示。

表 24-1　Django 中自带的部分信号

事件	发送的信号
模型的 save()事件之前/之后	django.db.models.signals.pre_save
	django.db.models.signals.post_save
模型的 delete()事件之前/之后	django.db.models.signals.pre_delete
	django.db.models.signals.post_delete
请求开始或结束事件	django.core.signals.request_started
	django.core.signals.request_finished
发生异常时	django.core.signals.got_request_exception
更改模型上的 ManyToManyField 时	django.db.models.signals.m2m_changed
数据库连接被初始化时	django.db.backends.signals.connection_created

24.2.2　监听信号

为了能收到信号，需要在必要的地方调用 Signal.connect 方法进行信号的监听，方法参数如下：

```
Signal.connect(receiver, sender=None, weak=True, dispatch_uid=None)
```

receiver 是指订阅信号的方法（或函数），也就是接收到信号后实际要执行的操作。

sender 用于指定要订阅的信号发送对象，比如某个模型对象。

weak 默认为 False，表示弱引用，当 receiver 为局部方法（或函数）时，为了防止被系统垃圾回收机制回收，就需要使用 weak=True。

dispatch_uid，有时监听的代码会执行多次，为了防止产生重复监听，此处可以取一个唯一的名称。

具体实例如下：

```
from django.core.signals import request_finished

def my_callback(sender, **kwargs):
    print("Request finished!")


request_finished.connect(my_callback)
```

使用 receiver 装饰器有时会更加方便：

```
from django.core.signals import request_finished
from django.dispatch import receiver

@receiver(request_finished)
def my_callback(sender, **kwargs):
    print("Request finished!")
```

监听特定模型对象的信号：

```
from django.db.models.signals import pre_save
from django.dispatch import receiver
from myapp.models import MyModel


@receiver(pre_save, sender=MyModel)
def my_handler(sender, **kwargs):
    ...
```

监听信号代码放哪儿比较合适呢？

理论上可以在项目中的任何地方，但一般推荐放在 apps.py 文件中的 ready 方法中，比如：

```
from django.apps import AppConfig
from django.db.models.signals import pre_save


class BlogConfig(AppConfig):
    name = 'blog'

    def ready(self):
        from xxx import my_handler
        # 下面两种方法三选一即可
        from myapp.models import MyModel      # 1. 在这里导入
        MyModel = self.get_model('MyModel')  # 2. 或者使用 get_model
方法获取
        pre_save.connect(my_handler, sender=MyModel, dispatch_uid=
'my-handler')
        # 3. 使用更简单的模型字符串标签的方式
        pre_save.connect(my_handler, sender='myapp.MyModel',
dispatch_uid= 'my-handler')
```

要注意的是，在 apps.py 中无法在文件顶部最开始的位置导入模型，解决方案就是代码中提到的三种方法。

24.2.3 自定义信号

所有信号都是类 django.dispatch.Signal 的实例，这个类中的 providing_args 表示该信号会提供给监听者的参数名称列表，每个信号的参数都不尽相同。

比如我们定义了一个"披萨制作完成"的信号，名为 pizza_done，发信号时会告诉监听者这个 pizza 的尺寸（size）。

```
import django.dispatch
pizza_done = django.dispatch.Signal(providing_args=["size"])
```

24.2.4 发送信号

在 Django 中，一般有两种发送信号的方法，分别是：

```
Signal.send(sender, **kwargs)
Signal.send_robust(sender, **kwargs)
```

Django 内置信号默认使用的是第一种，发送信号时，必须提供信号发送者 sender 参数，而其他参数则是按需传入的（发信号用的参数要和信号定义一致）。

比如下面的代码可以在 pizza 完成时执行，并进行信号的发送：

```
pizza_done.send(sender=PizzaModel, size=size)
```

send() 和 send_robust() 方法的参数和功能类似，区别是 send() 方法不会捕获接收者处理过程中的异常，它允许错误传播并抛出。因此，当某个接收者发生错误时，会导致不是所有接收者都能收到该信号。

send_robust() 方法会捕获继承自 Python 中 Exception 类的所有异常，并且会保证所有接收者都能收到该信号。如果错误发生，该方法会返回一个列表，其中是包含接收者和异常信息的元组，类似于下面的格式：

```
[(<function signal_receiver(sender, instance, **kwargs)>,
NameError("name 'xxx' is not defined"))]
```

其中__traceback__属性中会记录异常的堆栈信息。

总之，最大的区别就是：即使某个接收者因错误而发生了异常，send_robust() 方法也能保证所有订阅都能收到消息，我们可以根据自己的业务需要进行选择。

最后，需要强调的是 Django 中信号使用的是同步机制。如果在请求中保存了某个对象，这个对象保存事件而触发了信号，信号订阅者处理时耗时较长，就会导致当前请求比较耗时。如果不是必须处理完才可以返回，就可以考虑使用消息队列等方式来解决这个问题，当然也可以考虑使用后台线程来处理。

在 Django 项目中，HTTP 请求使用 django.core.signals.request _finished 信号正确地关闭数据库连接。不过，需要特别注意的是，Django 会为每个线程开启一个数据库连接。如果要在信号中启动多线程（或者自己编写的脚本中使用多线程执行一些任务），使用到数据库 ORM 进行操作，在使用完毕后，就需要自己关闭不再使用的数据库连接，否则会导致数据库连接不够用或者进程打开文件过多的问题。

解决方法可以参考下面的代码：

```python
import functools
from django.db.models.signals import pre_save
from django.dispatch import receiver
from blog.models import Blog


def close_db_connections(func):
    """
    装饰器用于在线程执行完毕后正确关闭数据库连接
    """
    @functools.wraps(func)
    def wrap(*args, **kwargs):
        try:
            ret = func(*args, **kwargs)
        finally:
            from django.db import connections
            for conn in connections.all():
                conn.close()
        return ret

    return wrap


@close_db_connections   # 以便执行后正确关闭数据库连接
def update_blog(instance):
    # 在信号中实现，如果没有作者则添加默认作者
    if not instance.author_id:
```

```
        instance.author_id = 1
        instance.save()


@receiver(pre_save, sender=Blog, dispatch_uid="blog-post-save")
def update_stock(sender, instance, **kwargs):
    update_blog(instance)
```

当然也可以使用线程池，这样不会无限新建数据库连接，通过让数据库连接复用来解决这个问题。

24.3 Django 缓存框架

24.3.1 缓存机制简介

对于动态网站来说，其最重要的特点就是"动态"，当用户访问页面时，服务器经过一系列的处理为用户呈现出页面。不同于一般的静态页面，这些动态页面的计算需要经历非常多复杂的过程，其中可能包括对数据库的访问、远程接口的调用以及一些本地的业务逻辑计算等，这些过程都需要消耗服务器的资源，对于大多数访问数量较少的中小型网站来说，这可能不是一个很大的问题。但是对于一些访问量非常巨大的网站来说，这样的计算会是一笔很大的开销。

在这样的应用场景下，通常会采取一些缓存机制以便在一定时间内减少重复的计算过程，以此来提高服务器的处理能力。所谓的缓存机制，就是在对某个资源第一次进行访问的时候，服务器进行运算，并将运算（比如数据库查询、外部接口调用等）结果进行保存。当下一次请求同样的资源时，将保存的结果直接返回而无需再进行计算。与各类复杂的计算过程相比，从存储器中读取数据的开销几乎可以忽略不计，这是一种典型的以空间换时间的方式。

Django 是一个功能完善的框架，也提供了完整的缓存系统。利用这套缓存系统对动态页面进行缓存，这样就可以不用为每个请求都进行一次单独的计算。而这套缓存系统又支持不同粒度的缓存，既可以缓存代码逻辑中一个片段的计算结果，也可以缓存某一个具体的视图，甚至缓存整个网站。

24.3.2 设置缓存

在使用缓存系统之前，需要先进行一系列的设置，这些设置确定了缓存的位置，可以是数据库、文件系统或者内存中，不同的存储位置相应的性能会有所差异。Django 的缓存系统内置了一些较常用的缓存后台程序，同时也可以使用自定义的缓存后台程序。下面将介绍几个 Django 内置的缓存后台程序。

1. Memcached

Memcached 是 Django 原生支持的最快、最有效的缓存方式之一。Memcached 是一个完全基于内存的缓存服务，不会给数据库或文件系统造成额外的负载。

安装好 Memcached 服务后，还需要安装 Memcached 连接器，类似于 MySQL 连接器。Python 中有很多可用的 Memcached 连接器，最常用的两个是 python-memcached 和 pylibmc。

安装好 Memcached 服务和连接器后，只需在 settings.py 文件中添加如下设置即可：

```
CACHES = {
    'default': {
        'BACKEND': 'django.core.cache.backends.memcached.
MemcachedCache',
        'LOCATION': '127.0.0.1:11211',
    }
}
```

其中的 BACKEND 设置，可以根据选择的连接器的不同而使用不同的设置，使用 django.core.cache.backends.memcached.MemcachedCache 或 django.core.cache.backends.memcached.PyLibMCCache。LOCATION 用于设置 Memcached 的地址和端口，也可以使用 Unix 域套接字，使用 pylibmc 时域套接字不能带有 unix:/ 前缀。LOCATION 也可以是一个 Memcached 地址的列表。

2. 数据库缓存

Django 也可以使用数据库来存储缓存数据。不过，前提是需要数据库性能优良，且索引合理。

将 BACKEND 设置为 django.core.cache.backends.db.DatabaseCache，而 LOCATION 则设置为数据表的名字，这样就可以使用数据库作为缓存数据的存储位置了。

设置好之后需要在命令行执行 python manage.py createcachetable 命令。随后就会在数据库中创建存储缓存数据所需要的数据表了。

```
CACHES = {
    'default': {
```

```
    'BACKEND': 'django.core.cache.backends.db.DatabaseCache',
    'LOCATION': 'my_cache_table',
    }
}
```

3. 文件系统缓存

基于文件系统的缓存后台程序把缓存数据存储在不同的文件中。需要注意的是，把 BACKEND 设置为 django.core.cache.backends.filebased.FileBasedCache，再把 LOCATION 设置为缓存文件的存储路径即可。

```
CACHES = {
    'default': {
        'BACKEND': 'django.core.cache.backends.filebased.
FileBasedCache',
        'LOCATION': '/var/tmp/django_cache',
    }
}
```

这里的 LOCATION 必须是缓存文件目录的绝对路径。申请服务的用户必须具备该路径的读写权限。

4. 本地内存缓存

本地内存缓存后台程序是 Django 默认的缓存后台程序。如果希望具有内存缓存的速度优势而又不具备运行 Memcached 的能力时，就可以考虑使用本地内存缓存。本地内存缓存只对每个进程本身生效，且为线程安全的。进程间不能跨进程取用缓存，同时也意味着对内存的使用率并不友好。

要使用本地内存缓存，只需将 BACKEND 设置为 django.core.cache.backends.locmem.LocMemCache 即可。而 LOCATION 则用于区别内存缓存，如果只设置了一个本地内存缓存则可以忽略。如果有多个的话，则需要使用不同的 LOCATION 进行区分。本地内存缓存使用了 LRU 算法来执行缓存机制。

```
CACHES = {
    'default': {
        'BACKEND':'django.core.cache.backends.locmem.LocMemCache',
        'LOCATION': 'unique-snowflake',
    }
}
```

5. 虚拟缓存

Django 也为应用开发阶段提供了一个虚拟缓存后台程序，不过仅仅实现了缓存的接口，而不实际执行任何操作。

只需要把 BACKEND 设置为 django.core.cache.backends.dummy.DummyCache 即可。

```
CACHES = {
    'default': {
        'BACKEND': 'django.core.cache.backends.dummy.DummyCache',
    }
}
```

24.3.3　网站缓存

设置好缓存之后，有多重使用缓存的方式，其中最简单的方式就是对整个网站进行缓存。在 settings.py 文件中的中间件设置中加入 django.middleware.cache. UpdateCacheMiddleware 和 django.middleware.cache.FetchFromCacheMiddleware。需要注意的是，UpdateCacheMiddleware 必须位于中间件列表的第一个，而 FetchFromCacheMiddleware 必须位于最后一个。

还有三个必须的参数也需要进行设置：

- CACHE_MIDDLEWARE_ALIAS：用于存储的缓存别名。
- CACHE_MIDDLEWARE_SECOND：每个页面缓存的秒数。
- CACHE_MIDDLEWARE_KEY_PREFIX：如果缓存被多个 Django 网站实例共享，则需要为每个 Django 实例的缓存设置不同的前缀。

当 HTTP 报头设置为允许使用缓存时，FetchFromCacheMiddleware 会缓存返回码为 200 的 GET 和 HEAD 请求。对于 URL 相同但请求参数不同的请求，会被作为不同的页面分别缓存。

在实际应用中，如果涉及用户身份等问题的网站，通常很少使用网站缓存。

24.3.4　视图缓存

一种更为常用的缓存方式，主要用于缓存不同视图处理函数的输出。在 django.views.decorators.cache 模块中定义了 cache_page 装饰器，可以用于自动缓存视图处理函数的响应。使用起来也是十分方便：

```
from django.views.decorators.cache import cache_page

@cache_page(60 * 15)
def my_view(request):
...
```

装饰器接受一个代表缓存秒数的参数。

与网站缓存类似，视图缓存也是以 URL 作为缓存的键（Key），如果有不同的 URL 指向同一个视图处理函数，将被分别缓存。

24.3.5 模板分片缓存

Django 框架还提供了一种缓存模板分片的方式。可以使用 cache 模板标签将一部分渲染好的模板缓存起来。cache 标签支持两个参数，缓存的过期时间和缓存的键（Key）。当然，它也支持为动态内容进行缓存，只需要在键之后传入更多的附加参数即可。

```
{% load cache %}
{% cache 500 sidebar request.user.username %}
    .. sidebar for logged in user ..
{% endcache %}
```

对于要使用 cache 的模板，需要在模板文件的顶部附近加入{% load cache %}标签。

24.3.6 低层次缓存接口

上面介绍的一些缓存都是对于一个已经渲染好的页面进行的缓存。有时，这种层次的缓存对于特别复杂的业务逻辑来说粒度太粗而不能胜任。

例如，在一些应用场景下，会执行一些特定的数据库查询或者调用外部系统的 API。这些返回内容相对固定，可以被不同的视图处理函数共用，在这类应用场景下，就需要用到更低层次的缓存接口。

Django 提供了一套十分简单易用的低层次缓存接口，可以使用这些接口在任何层次中对可打包的 Python 对象进行缓存。

访问缓存时，只需导入缓存即可：from django.core.cache import caches，出于线程安全的考虑，这里对于不同的线程，返回的是不同的 caches 后台实例。此处的 caches 是一个类似字典的对象，可以通过缓存别名获取到设置中的缓存实例。

也可以通过 from django.core.cache import cache 获取默认的缓存，即

caches['default']。

对于 cache 对象，最常用的接口是 set 和 get 接口。set 接口用于设置缓存，有两个必须参数和两个可选参数，必须参数为缓存的键（Key）和值（Value），可选参数为缓存的时间和版本。get 接口用于获取缓存内容，接受缓存的键作为参数。其中缓存的键，必须为字符串，值必须为可以打包的对象。

```
>>> cache.set('my_key', 'hello, world!', 30)
>>> cache.get('my_key')
'hello, world!'
```

如果根据缓存的键找不到合适的缓存内容，则 get 接口会返回 None。

缓存接口实例还有一个接口 add，它用于当某个键不存在时设置该键的内容，若该键存在，则不对该键进行修改。

为了更高效地使用缓存，Django 还提供了 set_many 和 get_many 接口，它们可以用于在一次请求中对多个缓存内容进行操作。

```
>>> cache.set_many({'a': 1, 'b': 2, 'c': 3})
>>> cache.get_many(['a', 'b', 'c'])
{'a': 1, 'b': 2, 'c': 3}
```

如果要删除某个缓存的内容，则可以使用 delete 接口。

```
>>> cache.delete('a')
```

Django 还提供了一个批量删除的接口：

```
>>> cache.delete_many(['a', 'b', 'c'])
```

如果要清除全部的缓存内容，只需调用 clear 接口即可。

```
>>> cache.clear()
```

在缓存的使用过程中，可能会面临这样一个问题，应用程序中的一些缓存数据的生成逻辑被改变了，因此之前运行过程中产生的一部分缓存也变成了错误的数据。对于这样的问题，最简单的解决方案就是清空全部的缓存，但是这样会使得一部分依然有效的缓存也被清理掉了。

对于这类问题，Django 提供了缓存的版本机制，在设置缓存时可以为缓存的键（Key）设置版本号，在获取缓存时携带相同的版本号即可。通过这种方式，在修改应用程序的代码后，只需将有过代码修改的缓存逻辑的版本号进行修改，随后进行缓存清除时就无需无差别地清除全部已有的缓存。

24.4　Django 日志

24.4.1　Django 日志简介

Django 框架使用 Python 标准的内置日志模块处理系统日志。具体的使用方法在 Python 的相关文档中均有非常详细的说明，在这里面不再使用过多篇幅进行赘述。本节主要对 Django 的日志扩展进行一些介绍。

24.4.2　Django 日志扩展

Django 为处理 Web 服务请求中日志的不同需求，提供了多个工具。

1. Loggers

django：获取全部 Django 层次中的日志信息，在框架中没有使用该 Logger 记录日志信息，而都是使用 django 为前缀的 Logger 记录日志信息。

django.request：记录关于处理请求相关的日志。5xx 响应抛出 ERROR 级别的信息，4xx 响应抛出 WARNGING 级别的信息。没有登录的请求则会记录在 django.security 中，而不会记录在 django.request 中。

django.server：记录 runserver 命令产生的处理请求相关的日志。5xx 响应抛出 ERROR 级别的日志信息，4xx 响应抛出 WARNGING 级别的日志信息，其余的则为 INFO 级别的日志信息。

django.template：记录渲染模板相关的日志信息，缺失上下文变量将抛出 DEBUG 级别的日志信息。

django.db.backends：记录与数据库交互操作相关的信息，例如应用级别的 SQL 语句等。

django.security.*：记录全部与安全相关的日志信息。

django.db.backends.schema：记录 migrations 框架改变数据库结构时运行的 SQL 语句。

2. Handlers

Django 框架提供了一个拓展的日志处理程序，用于发送邮件。

```
class AdminEmailHandler(include_html=False, email_backend=None)
```

这个处理程序将其收到的每一条信息以邮件的形式发送给网站的管理员。

如果日志记录中包含 request 属性，则完整的 request 信息会被包含在邮件中。如果日志记录包含调用堆栈的信息，则邮件中也会将这些信息记录下来。

Include_html 参数控制邮件是否携带当 DEBUG 开关打开时产生的调试 Web 页面。HTML 版的邮件会带有完整的调用堆栈和每一级堆栈数据帧中的局部变量的名字和值。

```
'handlers': {
    'mail_admins': {
        'level': 'ERROR',
        'class': 'django.utils.log.AdminEmailHandler',
        'include_html': True,
    }
}
```

3. Filters

Django 提供了一些日志过滤器用于筛选日志。

```
class CallbackFilter(callback)
```

接收一个回调函数用于处理每一条传递给该过滤器的日志。

```
class RequireDebugFalse
```

当 settings.DEBUG 为 False 时，放行日志。

```
class RequireDebugTrue
```

当 settings.DEBUG 为 True 时，放行日志。

24.4.3　Django 默认日志配置

当 DEBUG 为 True 时，Django 把发送到以 django 为前缀的 Logger（django.server 除外）的 INFO 或更高级别的日志信息打印输出到控制台中。

当 DEBUG 为 False 时，Django 把发送到以 django 为前缀的 Logger（django.server 除外）的 ERROR 或 CRITICAL 级别的日志信息发送到 AdminEmailHandler 中。

django.server 将 INFO 及以上级别的日志信息发送到控制台中，与 DEBUG 开关打开与否无关。

24.5　Django 发送邮件

使用 Python 的 smtplib 模块可以很容易地实现邮件的发送，但是 Django 依然在其之上提供了一些简单的封装，使得发送邮件更为方便，同时对不能使用 SMTP 的平台提供了支持。

相应的代码都在 django.core.mail 模块中。

```
send_mail(subject, message, from_email, recipient_list,
fail_silently = False, auth_user=None, auth_password=None,
connection=None, html_message=None)
```

send_mail 接口是该模块中最简单的发送邮件接口。四个必须参数为邮件的主题、内容、发送邮箱和接收列表。

```
send_mass_mail(datatuple, fail_silently=False, auth_user=None,
auth_password = None, connection=None)
```

send_mass_mail 接口用于发送批量邮件。datatuple 参数是一个元组，其中的每一个对象都是一个（subject, message, from_email, recipient_list）的四元组。

与 send_mail 接口相比，send_mail 每次调用都会与邮件服务器建立一条新的连接。而 send_mass_mail 是多条邮件共用一条连接，效率更高。

```
mail_admins(subject, message, fail_silently=False, connection=
None, html_message=None)
```

mail_admins 是给网站管理员发送邮件的快捷方式。

24.6　Django 分页

Django 框架也同样提供了一套非常便捷易用的分页组件，基于内置的分页组件，可以简单地实现分页功能。

在视图处理函数中使用分页组件十分简单，从 django.core.paginator 模块中导入分页器类，实例化分页器，并将需要分页的列表和想要分页的大小作为参数传入构造函数，即可达到分页的效果。

下面的例子就是在视图处理函数中使用分页组件的方式：

```
from django.core.paginator import Paginator
```

```
from django.shortcuts import render

def listing(request):
    contact_list = Contacts.objects.all()
    paginator = Paginator(contact_list, 25)      # 每页展示 25 个对象

    page = request.GET.get('page')
    contacts = paginator.get_page(page)
    return render(request, 'list.html', {'contacts': contacts})
```

对于这个视图处理函数所对应的模板文件，通常会采用如下方式来实现分页功能：

```
{% for contact in contacts %}
    {                          # 每个"contact"是一个 Contact 模型的对象 #}
    {{ contact.full_name|upper }}<br>
    ...
{% endfor %}

<div class="pagination">
    <span class="step-links">
        {% if contacts.has_previous %}
            <a href="?page=1">&laquo; first</a>
            <a href="?page={{ contacts.previous_page_
number }}">previous</a>
        {% endif %}

        <span class="current">
            Page {{ contacts.number }} of {{ contacts.paginator.
num_pages }}.
        </span>

        {% if contacts.has_next %}
            <a href="?page={{ contacts.next_page_number }}">
next</a>
            <a href="?page={{ contacts.paginator.num_pages }}">last
&raquo;</a>
        {% endif %}
    </span>
</div>
```

从上面的例子可以看到，向上或者向下翻页是通过 GET 方式传递页码参数来实现的。经过这样的分页，可以使得用户每次从数据库中取回数据的数量确定，从而节约了服务器的计算资源。